雄 安 气 候

马凤莲　魏瑞江　李贵玲　著

U0370279

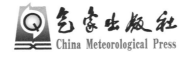
气象出版社
China Meteorological Press

内容简介

本书基于雄安新区区域内容城、安新、雄县3个气象观测站近50年（1970—2019年）的观测资料，介绍了雄安新区的气候概况；按照不同时间尺度分析了雄安新区气温、降水量、风速、日照、蒸发量5种主要气象要素，大风日数、冰雹日数、大雾日数等12种其他气象要素的气候变化特征；分析了无霜期、积温及主要作物全生育期的气象条件等农业气候变化特征；分析总结了雄安新区常见的气象灾害及历年发生气象灾害的影响。各气象要素分析结果多以图表形式展现，以更加直观地反映气象要素特征，简洁易懂，便于查阅。

本书可为气象、水文、生态、环境等科技工作者，以及参与河北雄安新区建设的企业、事业单位的建设者详细了解雄安新区局地气候特征提供科学参考。

图书在版编目(CIP)数据

雄安气候/马凤莲,魏瑞江,李贵玲著. --北京：

气象出版社,2020.9

ISBN 978-7-5029-7268-4

Ⅰ.①雄… Ⅱ.①马… ②魏… ③李… Ⅲ.①气候资料-雄安新区 Ⅳ.①P468.222.3

中国版本图书馆CIP数据核字(2020)第164871号

雄安气候
Xiongan Qihou

出版发行：气象出版社

地　　址：北京市海淀区中关村南大街46号　　　　　**邮政编码**：100081

电　　话：010-68407112（总编室）　010-68408042（发行部）

网　　址：http://www.qxcbs.com　　　　　**E-mail**：qxcbs@cma.gov.cn

责任编辑：王萃萃　　　　　**终　　审**：吴晓鹏

责任校对：张硕杰　　　　　**责任技编**：赵相宁

封面设计：楠竹文化

印　　刷：北京建宏印刷有限公司

开　　本：787 mm×1092 mm　1/16　　　　　**印　　张**：5.75

字　　数：143千字

版　　次：2020年9月第1版　　　　　**印　　次**：2020年9月第1次印刷

定　　价：40.00元

本书如存在文字不清、漏印以及缺页、倒页、脱页等，请与本社发行部联系调换。

前　言

　　雄安新区是新时代中国高质量发展的标志性工程和全国样板,是新时代探索人类高质量发展的未来之城。《河北雄安新区规划纲要》明确指出,雄安新区作为北京非首都功能疏解集中承载地,到2035年,基本建成绿色低碳、信息智能、宜居宜业、具有较强竞争力和影响力、人与自然和谐共生的高水平社会主义现代化城市。到21世纪中叶,全面建成高质量高水平的社会主义现代化城市,成为京津冀世界级城市群的重要一极。

　　气象与新区的规划建设、生态文明建设、城市安全运行息息相关。按照国家对雄安新区的定位和建设要求,气象服务工作将深度融入雄安新区数字城市建设,融入雄安新区绿色生态宜居建设。雄安新区在建设、运行、发展阶段面临从农村到城市的巨大转变,伴随产生人口集聚、建筑密度增多、产业结构调整、城湖河交错等现象,加之在全球气候变暖背景下,气象灾害强度、频度、影响程度将不断增大。因此,对气象保障城市安全运行也提出了更高要求。

　　河北雄安新区气象局于2019年8月正式成立,为更好地服务于新区建设,我们编写了《雄安气候》一书,旨在全面认识雄安新区主要气候特征,普及气象科学知识,加强气象防灾减灾工作,以充分发挥气象在新区规划建设运行中的科技支撑和服务保障作用。本书所用气象资料为容城、安新、雄县3个气象观测站的观测资料,来源于河北省气象信息中心,均为审核后的信息化资料。气象灾害资料来源于河北省气象信息中心的信息化资料、《中国气象灾害大典·河北卷》、气象灾害普查数据库、地方志以及民政和农业部门的灾情报告。

　　本书共分6章,介绍了雄安新区近50年气候概况,气温、降水等5种主要气象要素,大风日数、冰雹日数等12种其他要素的气候变化特征,无霜期、积温等农业气候变化特征,雄安新区常见的气象灾害及历年发生气象灾害的影响等。各气象要素分析多以图表形式展现,以更加直观地反映气象要素特征,简洁易懂,便于查阅。魏瑞江负责本书的整体设计和技术把关,本书第1章、第2章、第3章、第4章4.1至4.11节、第5章和第6章由马凤莲执笔,第4章4.12节由李贵玲执笔。本书在编写和出版过程中还得到雄安新区气象局领导董占强、俞海洋的悉心指导,孙庆川、刘园园、李海辉、郑翠、于丁做了大量数据统计工作,黄强、王雷、崔合义、田亚川、刘浩、李彦、李璨给予了大力支持和帮助,在此表示诚挚的谢意!

　　限于作者水平,本书还存在许多不足和遗漏之处,恳请读者指正。

著　者

2020年7月

目　　　录

第1章 雄安新区自然地理

1.1 雄安新区地理概况

河北雄安新区位于太行山东麓、冀中平原中部、南拒马河下游南岸,处于大清河水系冲积扇上,属于太行山麓平原向冲积平原的过渡带。全境西北较高,东南略低,海拔标高 7~19 m,自然纵坡千分之一左右,为缓倾平原,土层深厚,地形开阔,植被覆盖率很低,境内有多处古河道。雄安新区境内拥有华北平原最大的淡水湖——白洋淀,其水域面积为 360 km²,主要由白洋淀、马棚淀、烧车淀、藻杂淀等大小不等的 143 个淀泊和 3700 条沟壕组成,构成了淀中有淀、沟壕相连、园田和水域相间的特殊地貌(图 1.1)。

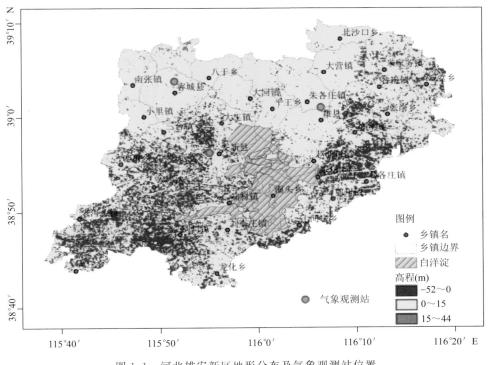

图 1.1 河北雄安新区地形分布及气象观测站位置

白洋淀是海河流域大清河水系中游缓洪、滞沥的大型平原洼地,也是华北平原最大的湿地。白洋淀的干淀水位 6.5 m,保证水位 8.5 m,此时白洋淀能够保持自我调节的生态环境,警戒水位为 10.0 m,淀区最大蓄水量 10 亿 m³。白洋淀控制大清河中上游地区总面积达 31199 km²,占大清河流域面积的 69.1%,按水系可划分为南支山区、北支山区、南支平原、北支平原 4 个流域单元。自古以来,白洋淀承接着大清河南支赵王河系潴龙河、孝义河、唐河、府河、

1

漕河、界河、瀑河、萍河等多条河流的来水,目前还有白沟引河、引黄入冀补淀工程等人工河流汇入,由赵王河出水,与北支白沟河系汇合,入大清河,最终汇入海河。淀区内水生生物具有物种丰富、多样性高、净化水质功能强等特点,是华北地区重要的碳汇,被誉为"华北之肾"。白洋淀还承载着抵御洪水、调节径流、蓄洪防旱、控制污染、调节气候、控制土壤侵蚀、美化环境等重要功能。

1.2 雄安新区规划布局

设立河北雄安新区,是以习近平同志为核心的党中央深入推进京津冀协同发展作出的一项重大决策部署,是千年大计、国家大事。雄安新区作为北京非首都功能疏解集中承载地,将建设成为高水平社会主义现代化城市、京津冀世界级城市群的重要一极、现代化经济体系的新引擎、推动高质量发展的全国样板。

雄安新区地处北京、天津、保定腹地,距北京、天津均为105 km,距石家庄155 km,距保定30 km,距北京大兴国际机场55 km,区位优势明显,交通便捷通畅,地质条件稳定,生态环境优良,资源环境承载能力较强,现有开发程度较低,发展空间广阔,具备高起点高标准开发建设的基本条件(图1.2)。

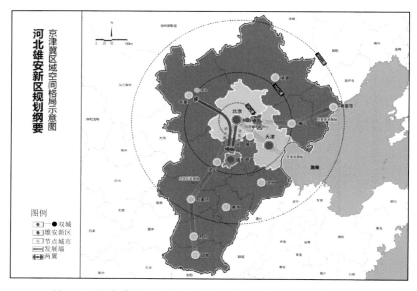

图1.2　京津冀区域空间格局示意图(中共河北省委等,2018)

新区规划范围包括雄县、容城、安新三县行政辖区(含白洋淀水域)、任丘市鄚州镇、苟各庄镇、七间房乡和高阳县龙化乡,规划面积1770 km²。雄安新区规划建设以特定区域为起步区先行开发,容城、安新两县交界区域作为起步区,面积约100 km²,是新区的主城区。新区规划建设坚持生态优先、绿色发展,统筹生产、生活、生态三大空间,将淀水林田草作为一个生命共同体进行统一保护、统一修复。通过植树造林、退耕还淀、水系疏浚等生态修复治理,强化对白洋淀湖泊湿地、林地以及其他生态空间的保护,确保新区生态系统完整,蓝绿空间占比稳定在70%,构建蓝绿交织、和谐自然的国土空间格局。逐步形成城乡统筹、功能完善的组团式城乡空间结构,布局疏密有度、水城共融的城市空间,规划形成"一主、五辅、多节点"的新区城乡空间布局。"一主"即起步区,是新区的主城区,按组团式布局,先行启动建设;"五辅"即五个外围组团,与起步区之间建设生态隔离带;"多节点"即若干特色小城镇和美丽乡村(图 1.3)。

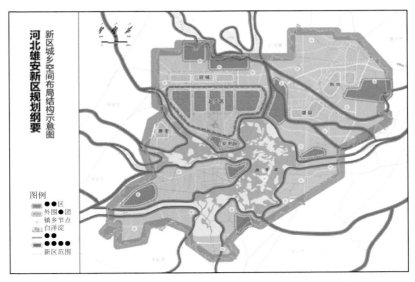

图 1.3 河北雄安新区城乡空间布局结构示意图(中共河北省委等,2018)

雄安新区起步区顺应自然、随形就势,综合考虑地形地貌、水文条件、生态环境等因素,科学布局城市建设组团,规划为"北城、中苑、南淀"的总体空间格局。"北城"即充分利用地势较高的北部区域,集中布局五个城市组团,各组团功能相对完整,空间疏密有度,组团之间由绿廊、水系和湿地隔离;"中苑"即利用地势低洼的中部区域,恢复历史上的大溵古淀,结合海绵城市建设,营造湿地与城市和谐共融的特色景观;"南淀"即南部临淀区域,通过对安新县城和淀边村镇改造提升和减量发展,严控临淀建设,利用白洋淀生态资源和燕南长城遗址文化资源,塑造传承文化特色、展现生态景观、保障防洪安全的白洋淀滨水岸线(图 1.4)。

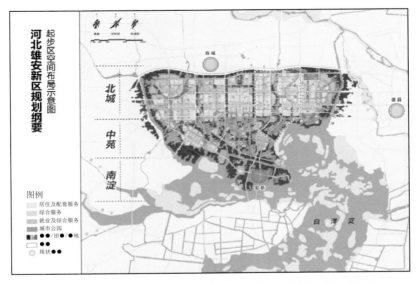

图 1.4 河北雄安新区起步区空间布局示意图(中共河北省委等,2018)

第2章　雄安新区气候概况

　　雄安新区地处中纬度地带,属暖温带季风型大陆性气候,四季分明,春旱多风,夏热多雨,秋凉气爽,冬寒少雪。年平均气温12.5 ℃,最热月(7月)平均气温26.7 ℃,最冷月(1月)平均气温−4.3 ℃,极端最高气温41.2 ℃(2000 年),极端最低气温−25.1 ℃(2001 年);年日照时数2364.3 h,年平均降水量494.5 mm。全年以偏南风居多,年平均风速1.8 m/s,历史极端最大风速为24.7 m/s(2019 年)。

2.1　气温

2.1.1　年平均气温

　　1970—2019 年,雄安新区多年平均气温为12.5 ℃,雄安新区区域3个县的多年平均气温差异不大,安新年平均气温最低,为12.3 ℃,雄县年平均气温最高,为12.6 ℃,容城则为12.5 ℃(图2.1)。

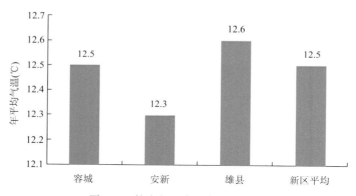

图 2.1　雄安新区各地年平均气温

2.1.2　四季平均气温

　　春季(3—5月),各地气温明显回升。新区平均气温为13.9 ℃,三县平均气温为13.7～14.1 ℃;夏季(6—8月),是一年中最热的季节,新区平均气温为25.7 ℃,三县平均为25.6～25.8 ℃;秋季(9—11月)新区平均气温为12.7 ℃,三县平均气温为12.6～12.8 ℃;冬季(12—翌年2月)新区平均气温为−2.4 ℃,三县平均气温为−2.6～−2.3 ℃。雄安新区全区平均气温与区域内三县的平均气温差异较小,比较而言,雄县各季节平均气温均略高于新区平均及其他两县(图2.2)。

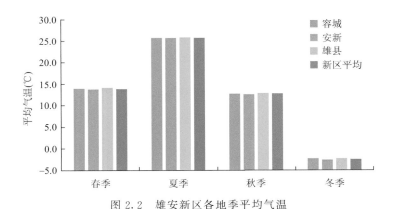

图 2.2　雄安新区各地季平均气温

2.1.3　最冷月和最热月平均气温

雄安新区最冷月出现在 1 月,新区平均气温为 −4.3 ℃。雄安新区区域内三县最冷月平均气温为:安新 1 月平均气温最低,为 −4.5 ℃,容城、雄县 1 月平均气温分别为 −4.2 ℃ 和 −4.1 ℃(图 2.3)。

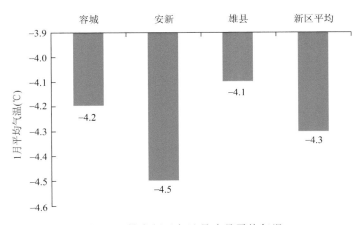

图 2.3　雄安新区各地最冷月平均气温

雄安新区最热月出现在 7 月,新区平均气温为 26.7 ℃。雄县 7 月平均气温最高,为 26.8 ℃,容城、安新 7 月平均气温分别为 26.5 ℃ 和 26.6 ℃。最冷月、最热月各地平均气温差异较小(图 2.4)。

2.1.4　月平均气温

雄安新区各月平均气温变化呈单峰型。1 月最低,2 月起气温开始回升,3 月之后平均气温迅速升高,5 月平均气温超过 20 ℃,7 月达最高,为 26.7 ℃,随后平均气温逐月下降,其中 10 月之后快速下降,12 月平均气温达到 0 ℃ 以下,为 −2.2 ℃(图 2.5)。

雄安新区春季升温幅度和秋季的降温幅度均较大,春温略高于秋温。

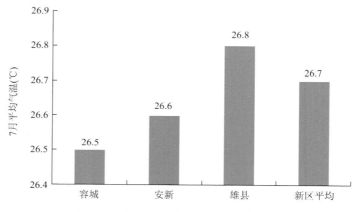

图 2.4 雄安新区各地最热月平均气温

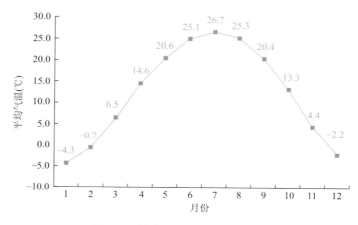

图 2.5 雄安新区平均气温月变化

2.1.5 年极端最高、最低气温

雄安新区自有气象观测资料以来,年极端最高气温为 34.6(安新)～41.2 ℃(容城),极端最高气温年际变化较大,且呈升高趋势,1999 年以前,仅 1 站次(1972 年,容城,40.9 ℃)年极端最高气温达 40 ℃以上,1999—2019 年,年极端最高气温达 40 ℃以上的年份出现 17 站次。三县年极端最高气温分别为:容城 41.2 ℃(2000 年)、安新 41.0 ℃(2000 年)、雄县 41.1 ℃(2014 年),同一年内三县极端最高气温差值较小(图 2.6)。年极端最高气温一般出现在 6 月和 7 月,少数年份出现在 5 月和 8 月。

雄安新区自有气象观测资料以来,年极端最低气温为 −25.1(安新)～−10.3 ℃(雄县),年极端最低气温年际变化大,且容城、安新年极端最低气温呈升高趋势,平均每 10 a 分别升高 0.522 ℃和 0.323 ℃,而雄县年极端最低气温呈降低趋势,平均每 10 a 降低 0.035 ℃。三县年极端最低气温分别为:容城 −22.2 ℃(2010 年)、安新 −25.1 ℃(2001 年)、雄县 −20.9 ℃(2010 年)。与年极端最高气温不同的是,同一年内三县极端最低气温差值较大,且大部年份,安新年极端最低气温低于其他两县同年值(图 2.7)。年极端最低气温一般出现在 1 月和 12

月,个别年份出现在 2 月和 3 月。

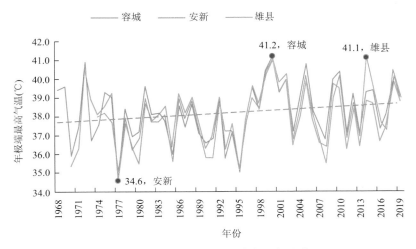

图 2.6　雄安新区极端最高气温年变化

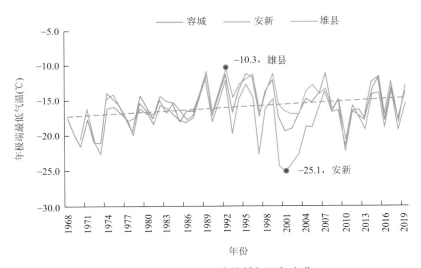

图 2.7　雄安新区极端最低气温年变化

2.1.6　气温年较差、日较差

气温年较差是指一年中最热月与最冷月的气温差。1970—2019 年,雄安新区各地平均气温年较差为:容城 30.9 ℃、安新 31.2 ℃、雄县 30.9 ℃。2000 年三县气温年较差出现近 50 a 来最大值,分别为:容城 36.4 ℃、安新 37.3 ℃、雄县 36.1 ℃。三县气温年较差最小值分别为:容城 27.4 ℃(2002 年)、安新 27.9 ℃(1995 年)、雄县 27.4 ℃(2002 年)(图 2.8)。

气温日较差也称气温日振幅,是一日中最高气温和最低气温的差值。1970—2019 年,雄安新区各地平均气温日较差为 10.2～12.9 ℃。

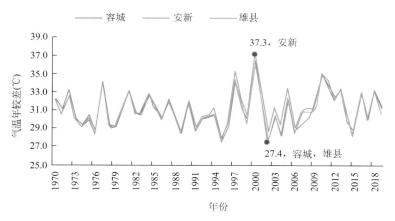

图 2.8　雄安新区各地气温年较差

2.2　地温

2.2.1　年平均地面温度

雄安新区各地年平均 0 cm 地面温度为 13.6～13.9 ℃,其中,安新最低,为 13.6 ℃,雄县最高为 13.9 ℃,容城则为 13.7 ℃(图 2.9)。

雄安新区各地年平均 0 cm 地面温度均高于气温,两者差为 1.2～1.3 ℃。

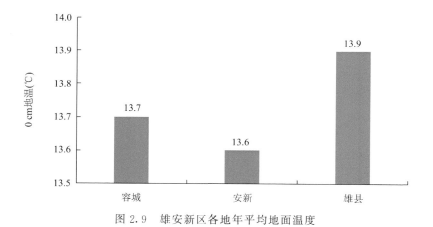

图 2.9　雄安新区各地年平均地面温度

2.2.2　最冷月、最热月平均地面温度

地面温度的最冷月、最热月与气温相同,最冷月为 1 月,最热月为 7 月。容城、安新最冷月平均地面温度均为 −5.3 ℃,雄县为 −5.5 ℃;容城、安新、雄县最热月平均地面温度分别为 30.4 ℃、30.5 ℃、31.0 ℃。各地最冷月地面温度较气温低 0.8～1.1 ℃,而最热月地面温度较气温高 3.7～4.2 ℃(图 2.10)。

各月地面温度与气温相比:1—2 月、11—12 月各地地面温度较气温低 0.2～1.6 ℃,其他

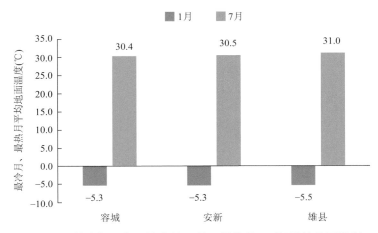

图 2.10　雄安新区各地最冷月(1 月)、最热月(7 月)平均地面温度

月份地面温度均高于气温,其中 4—9 月地面温度较气温高 2.6～5.3 ℃,5 月、6 月地面温度与气温差值最大,为 5.0～5.3 ℃,3 月、10 月地面温度较气温高 0.9～1.9 ℃。

2.2.3　极端最高地面温度

雄安新区自有气象观测资料以来,年极端最高地面温度为 53.4(容城)～70.1 ℃(雄县),大多年份年极端最高地面温度在 60.0～68.0 ℃。三县年极端最高地面温度分别为:容城 69.4 ℃(1986 年)、安新 69.4 ℃(2018 年)、雄县 70.1 ℃(2018 年)(图 2.11)。年极端最高地面温度大多年份出现在 6 月和 7 月,个别年份出现在 5 月或 8 月。

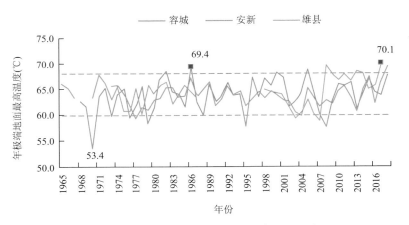

图 2.11　雄安新区各地年极端最高地面温度

2.2.4　极端最低地面温度

雄安新区自有气象观测资料以来,年极端最低地面温度为 −31.3 ℃(安新,1967 年)～−15.2 ℃(安新,2017 年),年极端最低地面温度年际变化大。三县年极端最低地面温度分别为:容城 −28.5 ℃(1970 年)、安新 −31.3 ℃(1967 年)、雄县 −27.0 ℃(1976 年)(图 2.12)。年极端最低地面温度一般出现在 1 月、2 月和 12 月,以 1 月出现频率最多。

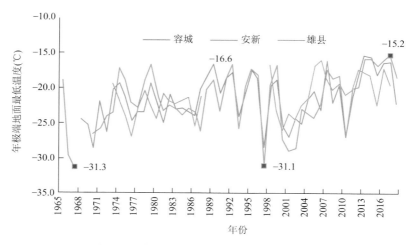

图 2.12 雄安新区各地年极端最低地面温度

2.2.5 地中温度

地中温度是指由地面至地中 5 cm、10 cm、15 cm、20 cm 各深度的土壤温度。雄安新区三县地中温度变化趋势一致,且地中温度有明显的季节变化和垂直变化。以容城为例,冬季各层地温均在 0 ℃ 以下,1 月达最低,为 −3.8 ℃(5 cm)至 −2.1 ℃(20 cm),3 月开始各层地温升温至 0 ℃ 以上,7 月达最高,为 27.9 ℃(20 cm)至 28.9 ℃(5 cm),随后各层地温逐渐降低。秋季、冬季浅层地温低于深层地温,且地中温度随着土壤深度的增加而升高;春季、夏季浅层地温高于深层地温,且地中温度随深度的增加而降低(图 2.13)。

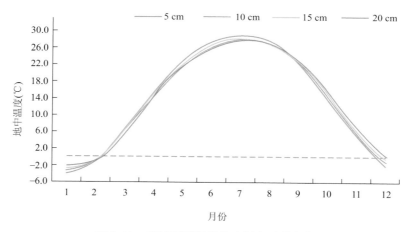

图 2.13 容城不同深度地中温度逐月变化

容城各月不同深度地中温度与地面温度的差值显示(图 2.14),3—9 月,5~20 cm 地中温度均低于地面温度,且随着深度的加深,地中温度与地面温度差值加大,5 月 5 cm 地中温度较地面温度低 2.5 ℃,而 20 cm 地中温度较地面温度低 4.1 ℃。1—2 月、10—12 月地中温度高于地面温度,且随着深度的加深,地中温度与地面温度差值加大,12 月 5 cm 地中温度较地面温度高 1.5 ℃,而 20 cm 地中温度较地面温度高 3.7 ℃。雄安新区三县各月不同深度地中温度与地面温度差值见表 2.1。

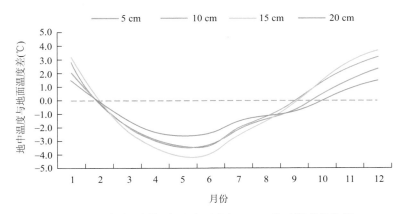

图 2.14 容城不同深度地中温度与 0 cm 地面温度的差值

表 2.1 雄安新区各月不同深度地中温度与 0 cm 地面温度的差值(℃)

站名	土壤深度	1月	2月	3月	4月	5月	6月	7月	8月	9月	10月	11月	12月
容城	5 cm	1.5	−0.1	−1.5	−2.3	−2.5	−2.4	−1.5	−1.1	−0.8	0.0	0.9	1.5
	10 cm	2.1	−0.1	−1.9	−2.9	−3.4	−3.3	−2.1	−1.4	−0.7	0.5	1.6	2.4
	15 cm	2.8	0.1	−1.9	−2.8	−3.4	−3.3	−2.0	−1.2	−0.1	1.3	2.5	3.2
	20 cm	3.2	0.1	−2.3	−3.4	−4.1	−3.9	−2.5	−1.5	−0.2	1.5	2.9	3.7
安新	5 cm	1.9	0.0	−1.4	−2.4	−2.9	−2.8	−1.9	−1.5	−1.1	−0.2	0.8	1.6
	10 cm	2.9	0.2	−1.6	−3.1	−4.0	−4.0	−2.7	−1.9	−1.0	0.5	1.9	2.7
	15 cm	3.6	0.4	−1.6	−3.1	−4.2	−4.2	−2.9	−1.9	−0.6	1.3	2.9	3.6
	20 cm	4.1	0.5	−1.9	−3.7	−4.8	−4.9	−3.4	−2.2	−0.7	1.5	3.4	4.3
雄县	5 cm	1.5	−0.1	−1.3	−2.3	−2.6	−2.5	−1.8	−1.3	−0.9	−0.2	0.8	1.8
	10 cm	2.3	0.0	−1.6	−2.9	−3.6	−3.5	−2.4	−1.7	−0.9	0.4	1.6	2.7
	15 cm	3.0	0.3	−1.6	−2.9	−3.7	−3.6	−2.4	−1.5	−0.4	1.2	2.6	3.6
	20 cm	3.4	0.3	−1.9	−3.4	−4.4	−4.2	−2.9	−1.8	−0.5	1.3	3.0	4.2

2.3 降水量

2.3.1 年降水量

1970—2019 年,雄安新区多年平均降水量为 494.5 mm,雄安新区区域三县的多年平均降水量差异不大,安新年降水量最少,为 492.1 mm,容城年降水量最多,为 496.3 mm,雄县则为 495.2 mm(图 2.15)。

2.3.2 季降水量

雄安新区四季降水量差异明显,冬季降水量最少,近 50 a 平均降水量仅为 9.8 mm,占全年降水量的 2%；夏季降水量最多，为 348.1 mm，占全年降水量的 70%；春季和秋季降水量分别为 57.7 mm 和 82.1 mm，分别占全年降水量的 12% 和 17%。

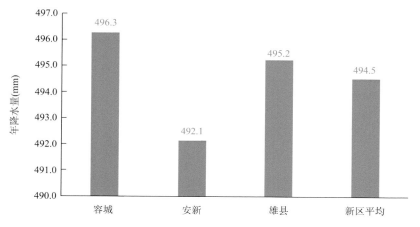

图 2.15　雄安新区各地年降水量

不同季节降水量的地区分布差异不明显，春季三县降水量为 57.6～60.1 mm；夏季三县降水量为 343.6～345.5 mm；秋季三县降水量为 80.7～81.9 mm；冬季三县降水量为 9.7～10.3 mm。雄安新区全区各季降水量与区域内三县同期降水量差异较小。比较而言，春季、秋季容城降水量略多于其他两县，夏季、冬季雄县降水量略多于其他两县（图 2.16）。

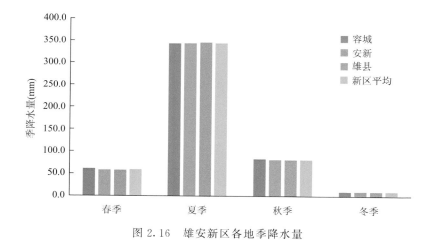

图 2.16　雄安新区各地季降水量

2.3.3　月降水量

雄安新区各月平均降水量呈单峰型。1 月降水量最少，仅为 2.2 mm，3—7 月降水量逐月增多，7 月降水量最多，为 164.3 mm，随后降水量逐月减少，12 月降水量为 2.8 mm（图 2.17）。

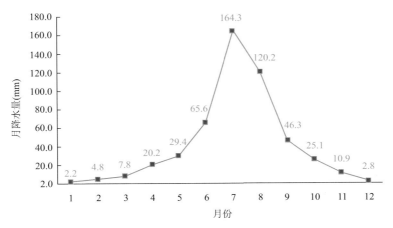

图 2.17　雄安新区月降水量变化

2.3.4　一日最大降水量

1991 年 7 月 28 日雄县降水量为 263.4mm,为雄安新区区域内有气象资料以来出现的最大日降水量,同日容城、安新降水量分别为 93.6 mm、129.8 mm,亦为 1991 年两县的日最大降水量。2016 年 7 月 20 日全区范围普降大暴雨,安新、容城、雄县降水量分别为 214.0 mm、205.3 mm、178.6 mm。一日最大降水量出现在 5—10 月,以 7 月、8 月出现次数最多。

2.4　风

2.4.1　年平均风速

1970—2019 年,雄安新区多年平均风速为 1.8 m/s,雄安新区区域三县的多年平均风速差异较大,安新年平均风速最大,为 2.0 m/s,容城最小,为 1.7 m/s,雄县则为 1.8 m/s(图 2.18)。

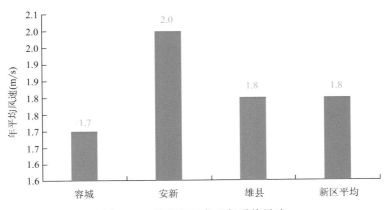

图 2.18　雄安新区各地年平均风速

2.4.2 四季平均风速

雄安新区 4 个季节的平均风速差异明显,春季平均风速最大,为 2.4 m/s,秋季平均风速最小,为 1.5 m/s,夏季和冬季平均风速分别为 1.7 m/s 和 1.6 m/s。

不同季节平均风速的地区分布也有明显差异,各季平均风速均表现为安新>雄县>容城。三县春季平均风速为 2.3～2.6 m/s;夏季平均风速为 1.6～1.8 m/s;秋季平均风速为 1.4～1.7 m/s;冬季平均风速为 1.5～1.8 m/s。安新各季平均风速较其他两县偏大 0.1～0.3 m/s(图 2.19)。

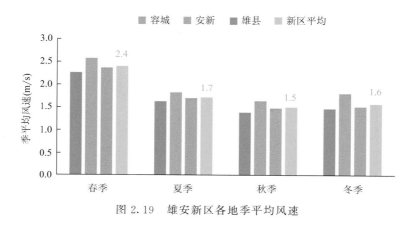

图 2.19 雄安新区各地季平均风速

2.4.3 月平均风速

一年中,3—5 月风速较大,4 月平均风速最大,雄安新区全区平均为 2.6 m/s,三县 4 月平均风速为 2.4～2.8 m/s;夏末和冬季风速较小,8 月、9 月各地平均风速为 1.3～1.5 m/s,1 月、12 月各地平均风速为 1.3～1.7 m/s。各月平均风速均为安新>雄县>容城,且安新各月平均风速较其他两县高 0.1～0.4 m/s,较全区平均风速高 0.1～0.2 m/s(图 2.20)。

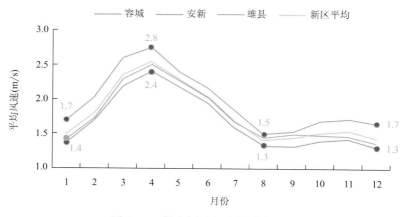

图 2.20 雄安新区各地月平均风速

2.4.4 风向频率

一年中出现最多的风向,又称主导风向。1970—2019 年,雄安新区三县年主导风向均为南西南(SSW)风,风向频率为 9%～10%,次多风向为南(S)风或西南(SW)风,风向频率为8%～9%,静风频率为 17%～24%(图 2.21)。

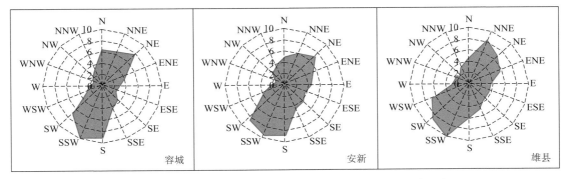

图 2.21 1970—2019 年雄安新区各地累年平均各风向频率(%)

雄安新区三县各季节的风向略有不同。春季(4 月):三县主导风向均为 SSW 风,风向频率为 13%～15%,次多风向为 S 风或 SW 风,风向频率为 11%～12%各,静风频率为 9%～13%(图 2.22)。

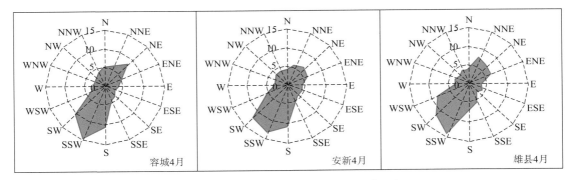

图 2.22 雄安新区各地春季各风向频率(%)

夏季(7 月):容城、安新主导风向为 S 风,风向频率为 11%和 10%,次多风向分别为东北(NE)风和 SSW 风,风向频率为 9%和 8%,静风频率分别为 22%和 16%。雄县夏季主导风向为 SSW 风,风向频率为 9%,次多风向为多风向,静风频率为 18%(图 2.23)。

秋季(10 月):容城、雄县主导风向为 SSW 风,风向频率为 9%和 10%,次多风向分别为 S 风和北东北(NNE)风,风向频率为 9%,静风频率分别为 33%和 23%。安新秋季主导风向为 S 风和 SSW 风,风向频率为 9%,次多风向为 SW 风,风向频率为 8%,静风频率为 23%(图 2.24)。

冬季(1 月):容城主导风向为 SSW 风,风向频率为 8%,次多风向为 NE 风和 NNE 风,风向频率为 7%,静风频率为 22%;安新冬季主导风向为以偏南风为主的多风向,次多风向则以偏北风为主的多风向,静风频率为 22%;雄县冬季主导风向为 NNE 风,风向频率为 9%,次多风向为 NE 风和 S 风,风向频率为 7%,静风频率为 27%(图 2.25)。

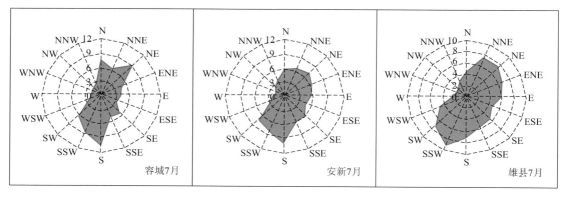

图 2.23　雄安新区各地夏季各风向频率(％)

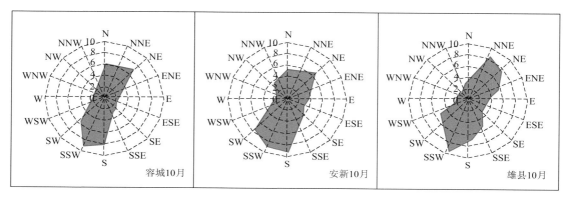

图 2.24　雄安新区各地秋季各风向频率(％)

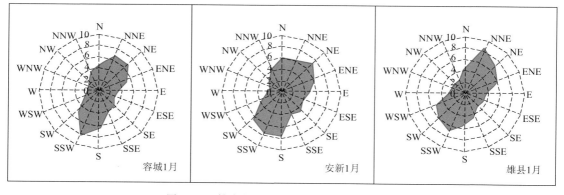

图 2.25　雄安新区各地冬季各风向频率(％)

2.5　日照

2.5.1　年日照时数

1970—2019 年,雄安新区各地年日照时数有明显差异,安新年日照时数最多,为 2422.3 h,

雄县次之,为 2371.6 h,容城最少,为 2291.1 h(图 2.26)。

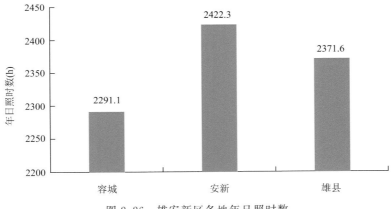

图 2.26　雄安新区各地年日照时数

2.5.2　季日照时数

雄安新区各地 4 个季节日照时数表现为:春季＞夏季＞秋季＞冬季,且在地域上表现为:安新＞雄县＞容城。其中春季各地日照时数为 681.8～711.1 h,其中容城最少,为 681.8 h,雄县次少,为 699.0 h,安新最多,为 711.1 h;夏季日照时数为 593.6～653.5 h,容城最少为593.6 h,雄县次少,为 633.5 h,安新最多,为 653.5 h;秋季日照时数为 541.8～569.2 h,容城最少 541.8 h,雄县次少,为 560.8 h,安新最多,为 569.2 h;冬季日照时数为一年中最少,各地为 473.5～569.0 h,容城最少为 473.5 h,雄县次少,为 476.7 h,安新最多,为 569.0 h(图2.27)。

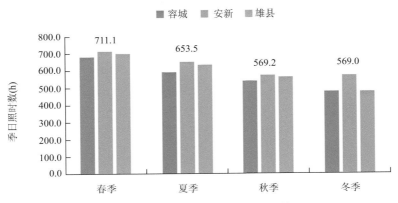

图 2.27　雄安新区各地季日照时数

2.5.3　月日照时数

雄安新区 12 月日照时数最少,各地为 149.4～155.4 h,平均每日日照时数为 5 h 左右。1月开始日照时数逐渐增多,到 5 月各地日照时数达最多,为 250.5～264.2 h,平均每日日照时数达 8.1～8.5 h。6 月、7 月日照时数减少,平均每日日照时数为 5.8～7.9 h,8 月、9 月有所增加,平均每日日照时数为 6.2～6.9 h,10 月开始日照时数又开始减少(图 2.28)。

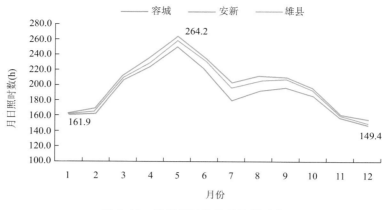

图 2.28　雄安新区各地月日照时数

2.5.4　日照百分率

实照时数与可照时数之比为日照百分率,它可以衡量一个地区的光照条件,表明天空的晴朗程度。

雄安新区各地年日照百分率为52%～55%,年日照百分率的分布与日照时数一致,安新年日照百分率最高,为55%,容城年日照百分率相对较低,为52%,雄县则为53%(图 2.29)。

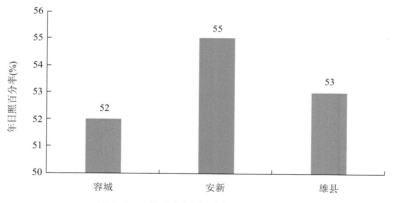

图 2.29　雄安新区各地年日照百分率

第 3 章　雄安新区近 50 年主要气象要素变化规律

在全球气候变化背景下，气象灾害强度、频度、影响程度将不断增大，加之雄安新区在建设、运行、发展阶段面临从农村到城市的巨大转变，这对气象保障未来新区城市安全运行提出了更高要求。科学掌握本地气候特征及各气象要素的发展变化规律，将有力促进雄安新区在自然环境承载范围内优化资源配置，为雄安新区建设与规划决策提供辅助依据。

为全面地分析不同气候要素的变化，本章选取雄安新区辖区内 3 个国家气象观测站 1970—2019 年的逐日气象观测数据，采用线性回归分析、Mann-Kendall 突变检验、Pearson 相关系数法、小波分析等统计分析方法，按照年、季、月 3 个时间尺度来分析近 50 a 雄安新区气温、降水量、风速、日照、蒸发量 5 个主要气象要素的气候变化特征，每节结尾归纳总结出各要素的分析结果和结论。

3.1　气温

3.1.1　气温的时间序列变化

（1）年平均气温

1970—2019 年，雄安新区年平均气温的时间序列显示（图 3.1），近 50 a 年平均气温呈显著波动升高趋势，上升趋势通过信度水平为 0.001 的显著性检验，上升速率为 0.249 ℃/10 a，其上升速率接近全国平均气温变化速率（0.25 ℃/10 a），低于河北省平均气温变化速率（0.30 ℃/10 a）。雄安新区多年平均气温为 12.5 ℃，年平均气温最大值和最小值分别为 13.5 ℃（2014 年）和 11.3 ℃（1985 年），年平均气温变化幅度为 2.2 ℃。

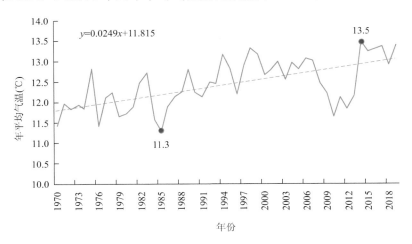

图 3.1　1970—2019 年雄安新区年平均气温变化趋势

19

而从不同年代变化来看,1970 年代、1980 年代雄安新区平均气温总体偏低,1990 年代及 2000 年以来时段的平均气温总体偏高,近 10 a 平均气温较 1970 年代高 0.9 ℃(图 3.2)。

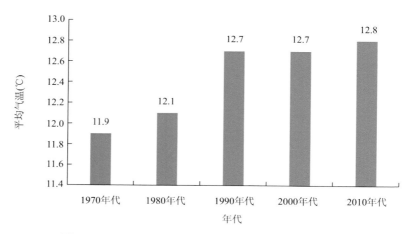

图 3.2　1970—2019 年雄安新区年平均气温年代际变化

从年平均气温距平序列(图 3.3)分析也可以看出,雄安新区年平均气温在 1990 年代初期前后有较大差异,其中 1970—1991 年以负距平为主,22 a 中负距平有 19 a,负距平占 86.4 %,1992—2019 年以正距平为主,期间 28 a 中有 22 a 为正距平,正距平占 78.6%,其中 2014 年平均气温较常年平均高 1.0 ℃。

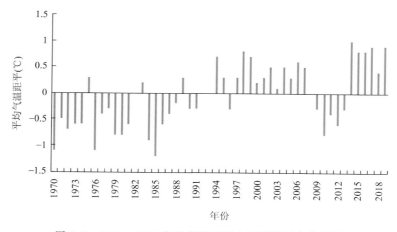

图 3.3　1970—2019 年雄安新区平均气温距平变化趋势

(2)季平均气温

从不同季节平均气温时间序列分析(图 3.4),1970—2019 年雄安新区春季、夏季、冬季平均气温均呈显著升高态势,其中,春季、夏季、冬季上升趋势均通过信度水平为 0.01 的显著性检验,3 个季节的平均气温上升速率分别为 0.376 ℃/10 a、0.237 ℃/10 a、0.251 ℃/10 a,春季平均气温上升趋势最为明显,春季和冬季平均气温上升速率均大于年平均气温上升速率,秋季平均气温变化较平稳,虽也呈上升趋势,但未通过显著性检验,其气候倾向率为 0.053 ℃/10 a。不同季节平均气温升温对年平均气温的贡献为春季>冬季>夏季>秋季。

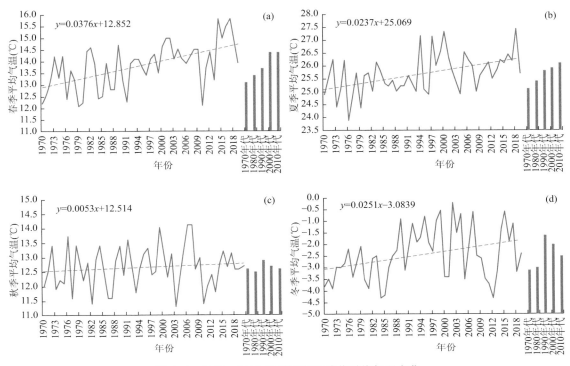

图 3.4　1970—2019 年雄安新区季节平均气温变化
(a)春季;(b)夏季;(c)秋季;(d)冬季

从各季节不同年代的平均气温统计值来看,春季平均气温于 2000 年以来达到最高,为 14.4 ℃,较 1970 年代高 1.3 ℃,较近 50 a 平均值高 0.6 ℃;夏季平均气温于 2010 年代达到最高,为 26.1 ℃,较 1970 年代高 1.0 ℃,较近 50 a 平均值高 0.4 ℃;秋季平均气温的各年代值变化幅度较小,1990 年代高于近 50 a 平均值 0.2 ℃,其他年代则略低于或接近于近 50 a 平均值;1990 年代冬季平均气温最高,达 −1.6 ℃,较 1970 年代高 1.5 ℃,较近 50 a 平均值高 0.8 ℃,2010 年代冬季平均气温与近 50 a 平均值接近。

总体来看,春季、夏季平均气温呈年代递增趋势,2010 年代气温最高,而 1990 年代秋季、冬季平均气温分别高于其他年代。

(3)年平均最高、最低气温

1970—2019 年雄安新区年平均最高气温(图 3.5a)、年平均最低气温(图 3.5b)均呈波动升高趋势,气候倾向率分别为 0.217 ℃/10 a 和 0.377 ℃/10 a,年平均最高气温和年平均最低气温的气候变化趋势均通过信度水平为 0.01 的显著性检验。近 50 a 平均最高气温、最低气温分别为 18.6 ℃、7.3 ℃。

雄安新区近 50 a 平均最低气温升温速率远大于平均最高气温,平均最高气温的升温速率略低于年平均气温升温速率,平均最低气温升温趋势显著,且对年平均气温升温速率贡献大于平均最高气温。

(4)季平均最高、最低气温

从不同季节平均最高、平均最低气温时间序列分析(表 3.1),1970—2019 年雄安新区各季节平均最高气温、平均最低气温均呈波动升高趋势。其中,春季、夏季平均最高气温的升温趋

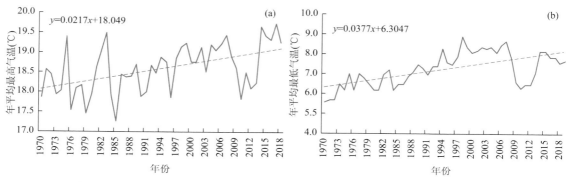

图 3.5　1970—2019 年雄安新区年平均最高气温(a)、年平均最低气温(b)变化趋势

势分别通过信度水平为 0.001 和 0.01 的显著性检验,近 50 a 平均最高气温的升温幅度为春季>夏季>冬季>秋季,春季最高气温气候倾向率较年平均最高气温高 0.161 ℃/10 a。春季、夏季平均最低气温上升趋势均通过信度水平为 0.001 的显著性检验,秋季、冬季平均最低气温的升温趋势通过信度水平为 0.01 的显著性检验。近 50 a 平均最低气温的升温幅度为春季>冬季>夏季>秋季,春季平均最低气温气候倾向率较年平均最低气温高 0.121 ℃/10 a,其他季节均低于年平均最低气温。

表 3.1　1970—2019 年各季节平均最高、最低气温气候倾向率及显著性检验

时间	平均最高气温		平均最低气温	
	气候倾向率(℃/10 a)	相关系数	气候倾向率(℃/10 a)	相关系数
冬季	0.246	0.2705	0.368	0.3767**
春季	0.378	0.4587***	0.498	0.6532***
夏季	0.263	0.3944**	0.343	0.642***
秋季	0.040	0.0676	0.248	0.3795**
年	0.217	0.5386***	0.377	0.6306***

注:**表示通过信度水平为 0.01 的显著性检验,***表示通过信度水平为 0.001 的显著性检验。

　　将近 50 a 雄安新区年、季平均气温的变化趋势与全国(任国玉等,2005)、河北省(朱建佳等,2013)、京津(宋善允,2016)等不同区域的变化趋势对比发现(表 3.2),雄安新区年平均气温平均每 10 a 升高 0.249 ℃,其上升速率低于河北省、京津地区平均气温变化速率,接近于全国平均气温变化速率。雄安新区各季节的平均气温、平均最高气温、平均最低气温均表现为春季升温幅度最大,秋季升温幅度最小,此结果与京津地区结果一致,不同于全国平均和河北省平均状况,河北省与全国均表现为冬季平均气温的升温幅度最大,且冬季>春季>秋季>夏季,由此基本反映出雄安新区气温变化的局地性特征,但也存在因研究时段不同致使可比性欠妥问题,同时,本节尚未对雄安新区气温变化原因进行具体分析,有待今后进一步分析和验证。

表 3.2　雄安新区与不同区域年平均气温变化速率对比(℃/10 a)

区域	研究时段	冬季	春季	夏季	秋季	全年
雄安新区	1970—2019 年	0.251	0.376	0.237	0.053	0.249
全国平均	1951—2004 年	0.39	0.28	0.15	0.20	0.25
河北省	1961—2010 年	0.538	0.341	0.228	0.234	0.30
京津	1961—2012 年	0.36	0.43	0.23	0.22	0.31

3.1.2　气温的突变性检验

气候的突变性,即是从一种稳定的气候状态(或稳定持续的变化趋势)跳跃式地转变到另一种稳定的气候状态(或稳定持续的变化趋势)。气候在各种不同时间尺度上都存在不稳定性及突变现象,这是气候系统非线性的反映,也是不同气候状态的转折方式。

(1)年平均气温

1970—2019 年雄安新区年平均气温 Mann-Kendall(M-K)统计量曲线,由 UF 曲线来看,雄安新区近 50 a 平均气温一直处于增暖的趋势,自 1990 年代开始这种增暖趋势大大超过显著水平 0.05 的临界线($u_{0.05}=1.96$),甚至超过 0.001 显著水平,表明雄安新区年平均气温上升趋势十分显著。根据 UF 和 UB 曲线交点的位置,确定雄安新区年平均气温 1990 年代的显著增暖是一突变现象,突变点为 1987 年(图 3.6)。

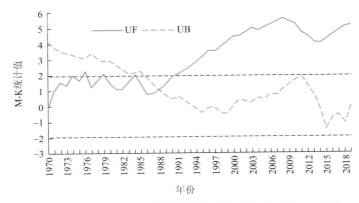

图 3.6　1970—2019 年雄安新区年平均气温 M-K 统计量曲线
(直虚线为 $\alpha=0.05$ 显著性水平临界线)

(2)季平均气温

春季平均气温 Mann-Kendall 统计量曲线显示,自 1970 年代以来春季平均气温呈持续增暖趋势,其中 1972—1977、1998—2019 年增暖趋势显著,UF 和 UB 曲线在临界线内相交于1993 年,由此判定 1990 年代以来春季平均气温的增暖趋势属于突变现象;夏季平均气温自1970 年代以来是一直呈增暖趋势,2000—2019 年增暖趋势显著,1991 年为夏季平均气温增暖趋势的突变点;秋季平均气温虽呈增暖趋势,但增暖趋势不显著,也不属于突变现象;冬季平均气温自 1970 年代以来呈持续增暖趋势,其中 1975—1980 年、1989—2019 年增暖趋势显著,根据 UF 和 UB 曲线交点的位置,雄安新区冬季平均气温 1970 年代以来的显著增暖属于突变现象,突变点为 1973 年(图略)。

(3)年平均最高、最低气温

近 50 a 雄安新区年平均最高气温 Mann-Kendall 统计量曲线显示(图 3.7a),UF 曲线的变化趋势与年平均气温有所不同,1990 年代以前 UF<0,表现出降温趋势,1990—2019 年 UF>0,自 2013 年开始,UF 值超过显著水平 0.05 的临界线($u_{0.05}=1.96$),表现出显著增暖趋势。在临界区内 UF 和 UB 曲线仅相交于 1990 年,由此判定近 50 a 雄安新区年平均最高气温显著增温属于突变现象,突变点为 1990 年。

年平均最低气温 Mann-Kendall 统计量曲线变化趋势与年平均气温变化相似(图 3.7b)，近 50 a 年平均最低气温一直处于增暖的趋势，且自 1973 年开始 UF 值超过显著水平 0.05 的临界线，表明雄安新区年平均最低气温上升趋势十分显著。但是，在临界区内 UF 和 UB 曲线并无交叉点，说明近 50 a 雄安新区年平均最低气温的增温趋势不存在突变现象。

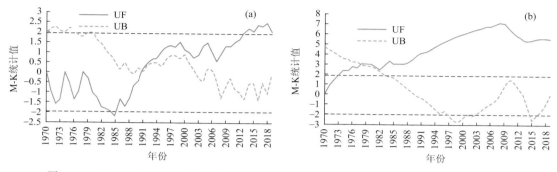

图 3.7 1970—2019 年雄安新区年平均最高气温(a)、年平均最低气温(b)M-K 统计量曲线

(4)季平均最高、最低气温

继而对各季节的平均最高气温、平均最低气温进行 Mann-Kendall 突变性检验(图略)，4 个季节的平均最高气温 UF>0 的起始年份为 1980 年代初或 1980 年代后期，且 0.05 显著水平临界区内 UF 与 UB 曲线有多个交点，表现出 4 个季节的平均最高气温均自 1980 年代开始呈现升温趋势，但均不存在突变现象；4 个季节的平均最低气温 UF>0 的起始年份为 1970 年代初或 1970 年代后期，冬季、春季、夏季、秋季 UF 值分别于 1988 年、1981 年、1994 年、1993 年超出临界线，且 0.05 显著水平临界区内 UF 与 UB 曲线有多个或没有交叉点，由此判定，4 个季节平均最低气温自 1970 年代初期或 1970 年代末期开始呈现升温趋势，且春季平均最低气温于 1981 年开始呈现显著升温趋势，其他 3 个季节则于 1980 年代末期或 1990 年代初期呈现显著升温趋势，但各季节的升温趋势均不存在突变现象。

综上所述，采用 Mann-Kendall 统计分析方法对近 50 a 气温系列进行突变性检验，结果见表 3.3。雄安新区年平均气温于 1987 年出现突变，与我国在 1986 年前后的普遍增温时间一致(任国玉等，2005)，春季、夏季平均气温突变始于 1990 年代初，而冬季平均气温突变出现在1973 年。1990 年代开始，增暖趋势更为显著；年平均最高气温在 1990 年出现突变现象，年平均最低气温的增温趋势不存在突变现象；4 个季节的平均最高气温均自 1980 年代开始呈现升温趋势，但均不存在突变现象；4 个季节的平均最低气温自 1970 年代初期或 1970 年代末期开始呈现升温趋势，且春季平均最低气温于 1981 年开始呈现显著升温趋势，其他 3 个季节则于 1980 年代末期或 1990 年代初期呈现显著升温趋势，但各季节的升温趋势均不存在突变现象。

表 3.3 1970—2019 年雄安新区气温突变年表

要素	春季	夏季	秋季	冬季	年
平均气温	1993 年	1991 年	无明显突变	1973 年	1987 年
平均最高气温	无明显突变	无明显突变	无明显突变	无明显突变	1990 年
平均最低气温	无明显突变	无明显突变	无明显突变	无明显突变	无明显突变

3.1.3　气温的周期变化特征

采用 Morlet 小波分析法研究年、季平均气温的周期变化特征。Morlet 小波分析法在时域、频域上具有局部辨识力,可诊断出气温序列变化的多层次特征,进而得到周期变化在不同时间尺度上的详细信息。小波变换结果可以将不同波长的结构进行客观的分离,使波幅信息展现在同一张二维图上,通过平面图上同时给出的不同长度的周期随时间的演变特征,认识不同尺度的扰动特征,由此判断序列存在的显著周期(魏凤英,2007)。

（1）年平均气温

雄安新区年平均气温存在 3 个明显的特征时间尺度周期变化,分别是 8 a、13 a、19 a。其中在 1970 年代至 1990 年代末以 8 a 周期振荡为主,13 a 特征尺度信号振荡最剧烈,振荡周期贯穿于整个研究时段,19 a 尺度振荡周期贯穿整个研究时段,表现出"冷—暖—冷—暖—冷—暖"3 个完整的振荡周期(图 3.8)。

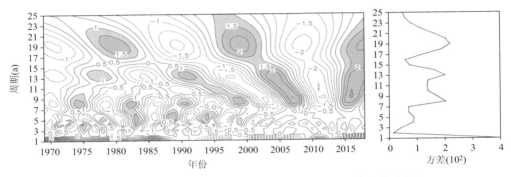

图 3.8　1970—2019 年雄安新区年平均气温小波变换系数及方差

（2）季平均气温

雄安新区近 50 a 春季平均气温存在 3 个明显的特征时间尺度,分别是 4～5 a、7～8 a、18～19 a。其中 4～5 a 周期在 2000 年以前表现较强,7～8 a 周期贯穿整个研究时段,18～19 a 特征尺度振荡最强(图 3.9a);夏季平均气温存在 3 个明显的特征时间尺度,分别是 3 a、9 a、17 a 左右。其中 3 a 周期在 2000 年以前表现较强,9 a、17 a 左右周期贯穿整个研究时段,周期振荡相对稳定,且 17 a 左右特征尺度呈现比较强烈的振荡(图 3.9b);秋季平均气温存在 2 个明显的特征时间尺度,分别是 6 a 和 8～9 a。其中 6 a 在 2000 年以前呈现比较稳定的周期振荡,8～9 a 特征尺度在 2000 年以后振荡强烈(图 3.9c);冬季平均气温 10 a 以下小尺度周期振荡不明显,13～14 a 周期贯穿整个研究时段,且振荡信号较强(图 3.9d)。

（3）年平均最高、最低气温

年平均最高气温小波变换系数及方差分析结果显示,年平均最高气温存在 8 a、11 a、19 a 周期振荡,其中 1990 年代以前以 8 a 周期振荡为主,2000 年以来以 11 a 周期振荡为主。在整个时间序列中,19 a 周期尺度表现出"冷—暖—冷—暖—冷—暖"3 个完整周期振荡(图 3.10a)。

年平均最低气温 13 a、19～20 a 特征尺度周期振荡贯穿整个研究时段,且振荡信号较强,与年平均最高气温一致表现出"冷—暖—冷—暖—冷—暖"3 个完整周期振荡(图 3.10b)。

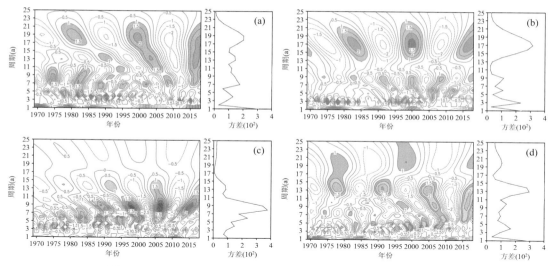

图 3.9　1970—2019 年雄安新区季平均气温小波变换系数及方差
(a)春季;(b)夏季;(c)秋季;(d)冬季

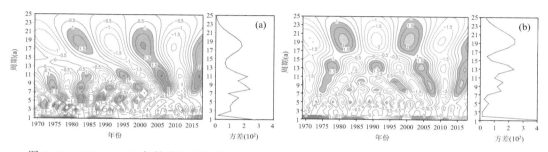

图 3.10　1970—2019 年雄安新区年平均最高气温(a)、年平均最低气温(b)小波变换系数及方差

3.1.4　主要结论

(1)近 50 a,雄安新区年平均气温呈显著升高趋势,上升速率为 0.249 ℃/10 a,其上升速率接近全国平均气温变化速率。1970 年代、1980 年代雄安新区平均气温总体偏低,而 1990 年代及 2000 年以来时段的平均气温总体偏高。冬季、春季、夏季平均气温均呈显著升高趋势,秋季平均气温变化较平稳。不同季节平均气温升温对年平均气温的贡献为春季>冬季>夏季>秋季。

(2)近 50 a 平均最高、最低气温均呈波动升高趋势,气候倾向率分别为 0.217 ℃/10 a 和 0.377 ℃/10 a,平均最低气温升温趋势显著,且对年平均气温升温速率贡献大于平均最高气温。各季节平均最高气温、平均最低气温均呈波动升高趋势。平均最高气温的升温幅度为春季>夏季>冬季>秋季,平均最低气温的升温幅度为春季>冬季>夏季>秋季。

(3)近 50 a,雄安新区年、冬季、春季、夏季平均气温增暖趋势均存在突变现象,年平均气温显著增暖起始于 1987 年;冬季平均气温于 1975—1980 年、1989—2019 年增暖趋势显著。春季、夏季平均气温增暖趋势始于 1990 年代初。年平均最高气温自 1990 年代开始呈现持续增暖趋势,突变点为 1990 年,2013 年开始呈现显著增暖趋势;年平均最低气温自 1970 年代初即表现为显著持续增暖趋势,但其增温趋势不属于突变现象。各季节的平均最高气温均自 1980

年代开始呈现升温趋势,但均不存在突变现象;各季节平均最低气温自 1970 年代初期或 1970 年代末期开始呈现升温趋势,且春季平均最低气温于 1981 年开始呈现显著升温趋势,其他 3 个季节则于 1980 年代末期或 1990 年代初期呈现显著升温趋势,但各季节的升温趋势均不存在突变现象。

(4)雄安新区年平均气温存在 3 个明显的特征时间尺度的周期振荡,13 a 特征尺度信号振荡最剧烈,各季节平均气温 10 a 以下的特征时间尺度周期振荡明显。近 50 a,年平均气温、年平均最高气温、年平均最低气温在 19 a 特征时间尺度上均表现出"冷—暖—冷—暖—冷—暖" 3 个完整的振荡周期,且自 2013 年以来处于"暖期"。

3.2 降水量

3.2.1 降水量时间序列变化

(1)年降水量

近 50 a(1970—2019 年)河北雄安新区降水量的年际变化较大(图 3.11),降水量最多达 868.8 mm(1998 年),最少为 258.2 mm(1975 年),多年平均降水量为 494.5 mm。总体上分析,雄安新区近 50 a 降水量呈减少趋势,但减少趋势并不显著,平均每 10 a 减少 7.3 mm。

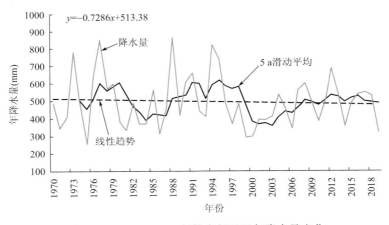

图 3.11 1970—2019 年雄安新区逐年降水量变化

从 5 a 滑动平均曲线(图 3.11)及年代平均柱形图(图 3.12)可以看出,年降水量存在较明显的年代际变化,即 1970 年代、1990 年代和近 10 a 降水量较常年偏多,1980 年代、2000 年代降水量偏少,且相对其他时期,1970 年代降水量最多,平均为 541.8 mm,2000 年代降水量最少,平均为 450.9 mm,雄安新区年代际降水量表现为"多—少—多—少—多"的波动变化 (图 3.12)。但 2000 年以来,降水量呈波动增加的趋势,平均每 10 a 增加 51.6 mm,气候倾向率通过信度水平为 0.05 的显著性检验。

(2)季降水量

一年四季中,夏季降水量最多,为 348.1 mm,占全年降水量的 70.4%,其次是秋季和春季,分别为 82.1 mm 和 57.7 mm,占全年降水量的 16.6% 和 11.7%,冬季降水量最少,为 9.8 mm,仅占全年降水量的 2%(图 3.13)。

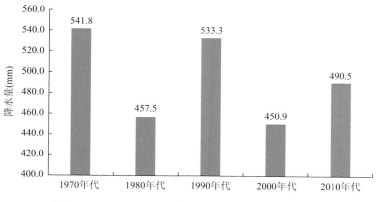

图 3.12　1970—2019 年雄安新区降水量年代际变化

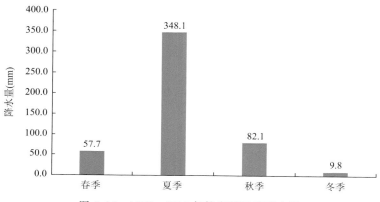

图 3.13　1970—2019 年雄安新区季降水量

　　雄安新区近 50 a 春季降水量呈不显著增加趋势,平均每 10 a 增加 3.4 mm。春季降水量变幅较大,最多降水量为 140.7 mm(1990 年),最少降水量为 11.3 mm(1974 年),最多值与最少值相差 129.4 mm。从年代际变化来看,从 1970 年代初到 1990 年代末,春季降水量呈增加趋势,1990 年代平均降水量最多,达 66.2 mm,较 1970 年代多 58%。21 世纪以来,春季降水量呈减少趋势,但减少幅度不大(图 3.14a)。

　　夏季降水量整体上呈不显著减少趋势,平均每 10 a 减少 15.4 mm,夏季降水量的年代际变化幅度也比较大,最多值为 673.2 mm(1988 年),最少值为 155.3 mm(2003 年),变幅达517.9 mm。年代际变化上则表现为,1970 年代、1990 年代夏季降水量较常年偏多,1980 年代及 21 世纪初的两个年代降水量偏少,2000 年代夏季降水量最少,较 1970 年代偏少 133.4 mm,近 10 a 夏季降水量有所增加,平均降水量为 338.2 mm,但仍较常年略偏少。夏季降水量在 5个年代中表现为“多—少—多—少—多”的特征,与年降水量的变化趋势一致(图 3.14b)。

　　近 50 a 秋季降水量呈不显著增多趋势,平均每 10 a 增多 9.0 mm。秋季降水量的年代际变化幅度较大,最多值为 180.9 mm(2003 年),最少值仅为 8.4 mm(1979 年),变幅达 172.5 mm。秋季降水量的年代际变化表现为 1970 年代、1980 年代较常年偏少,1990 年代以来则较常年偏多,尤其是近 10 a 平均降水量达 100.3 mm,较常年偏多 22.2%,较 1970 年代偏多 57.0%(图 3.14c)。

近 50 a 冬季降水量呈不显著减少趋势,常年平均降水量为 9.8 mm,其年代际变化较大,冬季最多降水量为 34.5 mm(1978 年),是常年平均值的 3.5 倍,近 50 a 中有 5 a 降水量大于 20.0 mm,较常年偏多 100%。冬季最少降水量为 0.0 mm,且有 16 a 冬季降水量在 5 mm 以下,较常年偏少近 50%。冬季降水量年代际变化表现为,1970 年代及 2000 年代较常年偏多,1980 年代、1990 年代及 2010 年代较常年偏少,近 10 a 平均降水量为 8.2 mm,较常年偏少16%(图 3.14d)。

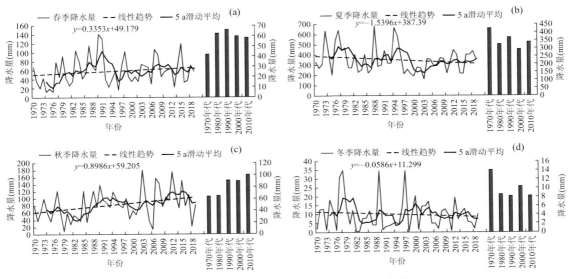

图 3.14　1970—2019 年雄安新区季降水量变化

(a)春季;(b)夏季;(c)秋季;(d)冬季

(3)月降水量变化

近 50 a 雄安新区逐月降水量表现为:1 月降水量最少,仅为 2.2 mm,1—7 月降水量逐月增多,7—12 月降水量逐月减少,7 月最多,为 164.3 mm,占全年降水量的 32.9%,其次是 8 月,降水量为 120.2 mm,占全年降水量的 24%,7—8 月降水量占全年降水量的 56.9%(图 3.15)。

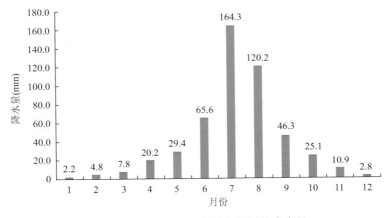

图 3.15　1970—2019 年雄安新区月降水量

3.2.2 降水量的突变性检验

采用 Mann-Kendall 统计分析方法对降水量进行趋势分析和突变性检验,结果见表 3.4,1970—2019 年雄安新区年平均降水量变化趋势存在年代际特点,即 1970 年代降水量波动减少后呈增加趋势,1980 年代呈减少趋势,1990 年代呈增加趋势,2000 年代以来一直呈减少趋势,直到 2010 年代末呈现上升趋势,但年降水量的阶段性增加或减少趋势均不显著,且 50 a 降水量的变化不存在突变现象。

表 3.4　1970—2019 年雄安新区降水量突变年表

降水量	春季	夏季	秋季	冬季	年
突变年份	1978 年	无明显突变	1990 年	无明显突变	无明显突变

春季降水量 Mann-Kendall 统计量曲线显示,1970—1982 年间春季降水量以减少趋势为主,而 1983—2019 年 UF>0,表明该时段春季降水量为增多趋势,且 1990—1993 年呈现短暂的显著增多趋势,1978 年为春季降水量由减少趋势转为增多趋势的突变点。

夏季降水量 Mann-Kendall 统计量曲线显示,近 50 a 雄安新区夏季降水量大部时段呈不显著的减少趋势,但是,夏季降水量的波动变化趋势不存在突变现象。

秋季降水量 Mann-Kendall 统计量曲线显示,1970—1990 年降水量呈减少趋势,且 1984 年呈短暂的显著减少趋势。1991—2019 年秋季降水量呈现增多趋势,2013—2019 年呈显著增多趋势,秋季降水量由减少趋势转为增多趋势存在突变现象,其突变点为 1990 年。

冬季降水量 Mann-Kendall 统计量曲线显示,雄安新区近 50 a 冬季降水量的变化趋势大致分 3 个阶段,即 1970—1981 年呈增加趋势,1982—2002 年呈减少趋势,2003—2019 年呈增加趋势,各阶段的增加或减少趋势均未达显著性水平,且冬季降水量的波动变化趋势不存在突变现象。

3.2.3 降水量周期变化

(1)年降水量

近 50 a(1970—2019 年)年降水量的 Morlet 小波分析结果显示,雄安新区年降水量存在 3 个明显的特征时间尺度,分别是 3~5 a、9 a、16~18 a。其中 3~5 a 周期在 1990 年代中期以前表现较强,在 1990 年代中期以后表现较弱,9 a 周期贯穿整个研究时段,且在 1970 年代至 2000 年代中期周期振荡稳定。16~18 a 时间尺度的周期振荡贯穿整个研究时段,且表现比较稳定。近 50 a 雄安新区大致经历了 3 次干湿交替,即 1970—1974 年为降水偏少期,1975—1980 年为降水丰沛期;1981—1990 年为降水偏少期,1991—1995 年为降水丰沛期;1996—2005 年为降水偏少期,2006—2015 年为降水丰沛期;2016—2019 年处于降水偏少期。分析发现,干湿交替过程中,降水偏少期较降水丰沛期持续时间长(图 3.16)。

(2)季降水量

各季降水量也存在不同时间尺度的周期变化。春季降水量存在 4 个明显的特征时间尺度,分别是 4 a、6 a、10 a、23 a 左右。其中 4 a 周期在 1980 年代中期以后表现较强,10 a 周期贯穿整个研究时段,且周期振荡稳定,23 a 左右特征尺度虽然呈现比较强烈的振荡,但由于研究的序列总长度仅 50 a,所以,23 a 左右特征尺度还有待更长的序列进行验证(图 3.17a)。

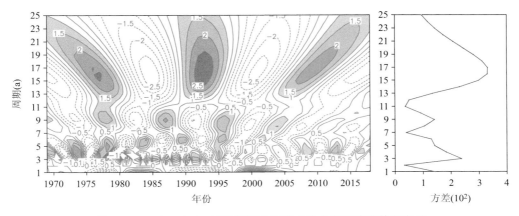

图 3.16　1970—2019 年雄安新区年降水量小波变换系数及方差

夏季降水量存在 4 个明显的特征时间尺度,分别是 3～4 a、6 a、9～10 a、16 a 左右。其中 3～4 a 周期在 1990 年代中期前表现较强,6 a 周期 1990 年代以后表现较明显,9～10 a 周期贯穿整个研究时段,且周期振荡相对稳定,16 a 左右特征尺度呈现比较强烈的振荡(图 3.17b)。

秋季降水量存在 4 个明显的特征时间尺度,分别是 4a、5a、13 a、21 a 左右。其中 1980 年代中期以前 4 a 周期明显,进入 21 世纪 5 a 特征尺度表现明显,13 a 周期贯穿整个研究时段,但振荡信号较弱,21 a 左右特征尺度振荡强烈,但还有待更长的序列进行验证(图 3.17c)。

冬季降水量 10 a 以下小尺度周期表现较为复杂,以 4 a 特征尺度为主,11 a 周期贯穿整个研究时段,且振荡信号较强(图 3.17d)。

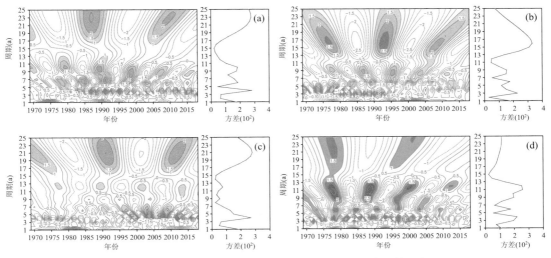

图 3.17　1970—2019 年雄安新区季降水量小波变换系数及方差
(a)春季;(b)夏季;(c)秋季;(d)冬季

3.2.4　一日最大降水量变化特征

将该区域内 3 个气象观测站自建站以来的一日最大降水量分别进行统计,以更准确地反映雄安新区一日最大降水量的极端值特征。3个气象站一日最大降水量及出现月份的统计年限分别为:安新1960—2018年,容城1968—2018年,雄县1974—2018年。

由图3.18可见,建站以来资料显示,3个测站一日最大降水量多在40～100 mm之间,≥50 mm的站次数为129站次,占总站次数的83.2%,≥80 mm的站次数占35.5%,16.1%的站次一日最大降水量≥100 mm,5.8%的站次≥150 mm,≥200 mm的站次数总占次的1.9%。

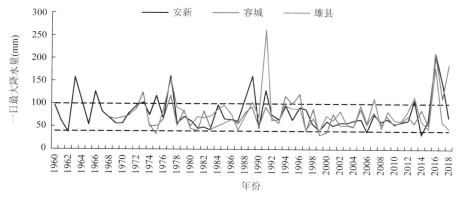

图3.18 1960—2018年雄安新区一日最大降水量逐年变化

同一年3个测站的一日最大降水量也有较大差异。1991年7月28日雄县降水量为263.4mm,为雄安新区区域内有气象资料以来出现的最大日降水量,同日容城、安新降水量分别为93.6 mm、129.8 mm,亦为1991年两县的日最大降水量。2016年7月20日全区范围普降大暴雨,安新、容城、雄县降水量分别为214.0 mm、205.3 mm、178.6 mm。1999年7月31日容城日降水量为29.8 mm,为雄安新区区域内一日最大降水量的最小值,同年安新、雄县一日最大降水量分别为41.6 mm(7月20日)、39.4 mm(7月31日)。可见,雄安新区降水量分布时空不均特征明显。

图3.19为雄安新区3个气象观测站逐年一日最大降水量出现的月份统计,统计得出,一日最大降水量出现在5—10月,以7月、8月出现次数最多。1960—2018年雄安新区区域内3个气象站累计155个日最大降水量数据(表3.5),7—8月出现年一日最大降水量的比率达80%,

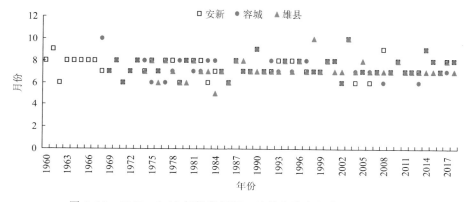

图3.19 1960—2018年雄安新区一日最大降水量出现月份统计

表 3.5　1960—2018 年各月出现年一日最大降水量的年数（a）

站点	5 月	6 月	7 月	8 月	9 月	10 月	合计
容城		7 a	23 a	17 a	2 a	2 a	51 a
安新		8 a	21 a	25 a	4 a	1 a	59 a
雄县	1 a	4 a	27 a	11 a	0 a	2 a	45 a
合计	1 a	19 a	71 a	53 a	6 a	5 a	155 a
百分比	0.6%	12.3%	45.8%	34.2%	3.9%	3.2%	

仅有 1 a 日最大降水量出现在 5 月,即雄县 1984 年 5 月 11 日降水量达 88.7 mm,为有气象资料以来雄安新区 5 月出现的年最大日降水量。容城 1968 年 10 月 6 日降水量为 71.6 mm,为雄安新区 10 月出现年最大日降水量的最大值。

综上分析,雄安新区日最大降水量主要出现在 6—8 月,即该期间出现暴雨的概率较大,但 5 月、9 月、10 月出现暴雨的年份也较常见,所以主汛期前后仍需注意关注暴雨灾害风险。

雄安新区位于京津冀地区中部,上述研究结果显示,近 50 a 雄安新区降水量、降水日数变化趋势与京津冀区域(伍玉良,2018;张健等,2010;刘金平等,2015)、河北省(于伟红等,2015;向亮等,2014;刘芳圆等,2008)变化趋势一致,均呈不显著减少趋势,且夏季降水量减少幅度大。从近 50 a 平均降水量对比分析来看(表 3.6),雄安新区年平均降水量略低于河北省平均值,较京津冀区域偏少 43.5 mm,4 个季节平均降水量均低于河北省及京津冀平均值。向亮等(2014)对 1961—2011 年河北省降水变化研究指出,河北省年、季降水量主要存在 2~3 a、3~4 a、4~6 a 等小尺度振荡周期,本研究显示雄安新区除存在 3~5 a 小尺度周期外,还存在明显的 9 a、9~10 a、11 a 的中尺度周期振荡。河北省年降水量在 1996 年存在突变现象,春、夏和冬季分别在 2001 年、1996 年、1971 和 1980 年发生了突变(向亮等,2014),京津冀地区夏季降水量在 1996 发生突变(伍玉良,2018),本研究结果显示,雄安新区年、夏季、冬季降水量的年际变化趋势均不存在突变现象,春季、秋季降水量分别于 1978 年、1990 年呈现出由减少转为增多的突变。由此基本反映出雄安新区降水变化的局地性特征,但也存在因研究时段不同致使可比性欠妥问题,同时,本节尚未对雄安新区降水变化原因进行具体分析,有待今后进一步分析和验证。

表 3.6　雄安新区与京津冀、河北省区域年、季降水量对比（mm）

研究区域	研究时段	年	春季	夏季	秋季	冬季
雄安新区	1970—2019 年(50 a)	494.5	57.7	348.1	82.1	9.8
河北省(向亮,2014)	1961—2011 年(51 a)	498.2	68.2	354.9	86.4	11.4
京津冀(张丽艳,2018)	1960—2006 年(47 a)	538.0	65.0	379.0	83.0	11.0

3.2.5　主要结论

(1)近 50 a,雄安新区年降水量呈减少趋势,且存在较明显的年代际变化;春季、秋季降水量呈波动增加趋势,夏季、冬季降水量则呈减少趋势,年、季降水量的变化趋势均未达显著性水平。1970—2019 年平均年降水量为 494.5 mm,夏季降水量占全年降水量的 70.4%,秋季和春季分别占全年降水量的 16.6% 和 11.7%,冬季降水量最少,仅占全年降水量的 2%。降水量最少月份为1月,最多月份为7月,平均降水量分别为2.2 mm和164.3 mm。

(2)近50 a,雄安新区年、夏季、冬季降水量的年际变化趋势均不存在突变现象,春季、秋季降水量年际变化则呈现出由减少趋势转为增多趋势的突变,其突变点分别为1978年和1990年。

(3)近50 a,雄安新区年降水量存在3~5 a、9 a、16~18 a特征时间尺度周期振荡,9 a、16~18 a时间尺度的周期振荡贯穿整个研究时段。近50 a,雄安新区大致经历了3次干湿交替,降水偏少期较降水丰沛期持续时间长。春季、夏季降水量均存在3~4 a、6 a、9~10 a、16 a左右周期振荡。秋季降水量4~5a、13 a特征尺度表现明显。冬季降水量10 a以下小尺度周期表现较为复杂,以4 a特征尺度为主,11 a周期贯穿整个研究时段,且振荡信号较强。

(4)一日最大降水量最大值为263.4mm,最小值为29.8 mm,一日最大降水量出现在5—10月,以6—8月出现次数最多,降水量分布时空不均特征明显。仅容城县,近50 a日降水量≥100.0 mm的共出现8 d,日降水量≥150.0 mm的共出现2 d,所以,虽然雨日显著减少、暴雨日数较少,但由暴雨带来的灾害性风险仍存在,5月、9月、10月出现暴雨的年份也较常见,所以在主汛期前后仍需注意关注暴雨灾害风险。

3.3 风速

3.3.1 平均风速的时间序列变化

(1)年平均风速

1970—2019年雄安新区多年平均风速为1.8 m/s,较京津冀平均风速(2.4 m/s)偏小0.6 m/s(窦以文等,2018),辖区3个县平均风速为1.7~2.0 m/s。近50 a年平均风速的时间序列显示,雄安新区年平均风速整体呈减小趋势,但1990年代前后又呈现不同的变化趋势(图3.20),即1970—1994年风速减小趋势尤为显著,全区平均风速平均每10 a减小0.584 m/s,安新县平均风速减小趋势最为显著,平均每10 a减小0.801 m/s,其他两县平均每10 a减小0.405 m/s和0.549 m/s。1995—2019年安新县平均风速仍呈明显减小趋势,平均每10 a减小0.291 m/s,容城、雄县及全区平均风速则呈增大趋势,平均每10 a增大0.066~0.282 m/s(表3.7),不同时间阶段平均风速的气候倾向率均通过信度水平为0.01的显著性检验。

图3.20　1970—2019年雄安新区逐年平均风速变化

表 3.7　雄安新区不同时间阶段平均风速气候倾向率(m/(s・(10 a)))

时间	容城	安新	雄县	全区平均
1970—1994 年	−0.405***	−0.801***	−0.549***	−0.584***
1995—2019 年	0.282***	−0.291***	0.208***	0.066*
1970—2019 年	−0.110***	−0.167***	−0.112**	−0.146***

注:＊＊表示通过信度水平 0.01 的显著性检验,＊＊＊表示通过信度水平 0.001 的显著性检验。

有研究表明(苗正伟等,2018)京津冀地区平均风速在 2003 年后呈现明显的上升趋势,雄安新区平均风速的变化趋势与此研究结果一致,但风速明显增大起始于 1995 年。

图 3.20 明显看出,1996—2008 年 3 个县逐年平均风速变化平稳,波动幅度较小,但 1996 年开始安新县逐年平均风速为 2.0～2.3 m/s,明显高于其他两县和全区平均值,2010—2019 年则呈波动减小趋势,雄县和容城平均风速则分别于 2008 年、2009 年开始呈波动增大趋势。究其原因主要为气象观测站站址迁移,从迁站距离、海拔高度来看,3 个地面气象观测站的变动幅度都不大,数据系列的连续性均经过气象部门严格、规范的审核,虽然历史资料其可靠性满足规范规定,迁站前后风速还是有一定差异。

由不同年代平均风速分析显示(表 3.8),1970 年代平均风速最大,全区平均风速为 2.5 m/s,安新县最大达 2.6 m/s,容城、雄县分别为 2.2 m/s、2.4 m/s,进入 1980 年代全区及各县平均风速逐渐减小,为 1.7～1.9 m/s,1990 年代风速最小,全区平均风速为 1.5 m/s,容城县最小为 1.3 m/s,安新、雄县分别为 1.7 m/s、1.5 m/s,2000 年以后,平均风速有所增大,2010 年代全区平均风速为 1.7 m/s,容城、安新县则为 1.8 m/s。

表 3.8　雄安新区不同年代平均风速(m/s)

年代	容城	安新	雄县	全区平均
1970 年代	2.2	2.6	2.4	2.5
1980 年代	1.7	1.8	1.9	1.8
1990 年代	1.3	1.7	1.5	1.5
2000 年代	1.4	2.1	1.6	1.7
2010 年代	1.8	1.6	1.8	1.7
近 50 a	1.7	2.0	1.8	1.8

(2)季平均风速

近 50 a 雄安新区季平均风速分析得出(图 3.21),一年中秋季平均风速最小,为 1.5 m/s;春季平均风速最大,为 2.4 m/s;夏季平均风速略大于冬季,分别为 1.7 m/s 和 1.6 m/s。

四季平均风速的年际变化分析可见(图 3.22),近 50 a 各季节的平均风速均呈现波动减小的趋势,春季风速减小的幅度最大,平均每 10 a 风速减小 0.217 m/s,其他 3 个季节的减小幅度为 0.108～0.119 m/s,4 个季节平均风速的减小趋势均通过信度水平为 0.001 的显著性检验。

1990 年代中期前后 4 个季节的平均风速均呈现不同的变化趋势,即 1970—1994 年呈减小趋势,春季减小趋势最为显著,平均每 10 a 减小 0.750 m/s,其他 3 个季节的减小幅度为 0.482～0.552 m/s,气候变化趋势均通过信度水平为 0.001 的显著性检验。1995—2019 年各

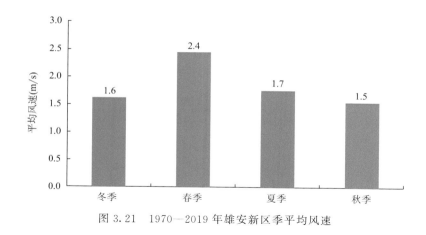

图 3.21　1970—2019 年雄安新区季平均风速

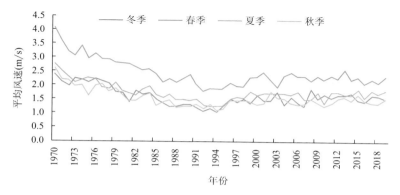

图 3.22　1970—2019 年雄安新区季平均风速年际变化

季节平均风速均呈增大趋势,秋季增大幅度较其他季节偏大,夏季平均风速的气候变化趋势通过信度水平为 0.05 的显著性检验,其他季节风速变化趋势均不显著(表 3.9)。

表 3.9　雄安新区不同时间阶段季平均风速变化气候倾向率(m/(s·10 a))

时间	冬季	春季	夏季	秋季
1970—1994 年	−0.552***	−0.750***	−0.509***	−0.482***
1995—2019 年	0.073	0.076	0.086*	0.028
1970—2019 年	−0.109***	−0.217***	−0.108***	−0.119***

注:* 表示通过信度水平 0.05 的显著性检验,* * * 表示通过信度水平 0.001 的显著性检验。

(3)年最大风速变化特征

所谓最大风速或极大风速,都是关于风速的一种统计量。在某段时间内,挑选其中任意 10 min 平均风速的最大值,将此值称之为该段时间的最大风速。而在某段时间内出现的瞬时风速的最大值,则称为该段时间的极大风速。对于同一地点来说,同一时段的极大风速总是大于最大风速。

最大风速和极大风速均反映了风力的极端情况,当二者达到足够大,就会对建筑、航运、航空和农田作物等造成很大危害,一般后者比前者的破坏力大。最大风速相应的破坏力虽然相对较小,但是也不可以低估。最大风速反映的是一种持续性的破坏过程。有些建筑或物体可以经受住瞬时风速极大的风,但却经不起最大风速达到了一定程度的风的持续摧残而损毁。

1975—2019 年雄安新区最大风速呈波动减小趋势(图 3.23),平均每 10 a 减小 0.665(容城)～1.753 m/s(雄县),3 个县最大风速减小趋势均通过信度水平为 0.05 的显著性检验。最大风速的年际变化也可以分为两个时段,即 1975—1994 年呈显著减小趋势,平均每 10 a 减小 3.548～4.757 m/s,其线性趋势均通过信度水平为 0.01 的显著性检验。1995—2019 年容城、雄县最大风速呈显著增大趋势,平均每 10 a 分别增大 1.319 m/s、1.280 m/s,安新则呈减小趋势,平均每 10 a 减小 2.137 m/s,容城、安新线性趋势均通过信度水平为 0.05 的显著性检验(表 3.10)。

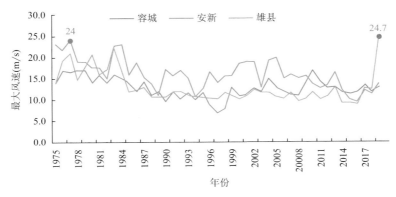

图 3.23　1975—2019 年雄安新区最大风速变化特征

表 3.10　雄安新区不同时间阶段年最大风速变化气候倾向率(m/(s・10 a))

时间	容城	安新	雄县
1975—1994 年	−3.548**	−4.662**	−4.757**
1995—2019 年	1.319*	−2.137**	1.28
1975—2019 年	−0.612*	−1.701**	−1.29**

注:* 表示通过信度水平 0.05 的显著性检验,** 表示通过信度水平 0.01 的显著性检验。

1975 年以来,容城县最大风速最大值为 17.0 m/s,3 a 出现在 1970 年代,雄县为 24.7 m/s(2019 年),安新为 24.0 m/s(1977 年)。而最大风速的最低值分别为:容城 7.0 m/s(1997年)、安新 10.2 m/s(2015 年)、雄县 8.9 m/s(2016 年)

3.3.2　年平均风速的突变性检验

气候突变现象普遍存在于气候系统中的各要素,为进一步研究雄安新区近 50 a 平均风速的变化特征,采用 Mann-Kendall 统计分析方法对年平均风速进行趋势分析和突变性检验。图 3.24 显示,UF、UB 值曲线在临界线间无交点,由此判定近 50 a 雄安新区年平均风速的显著减小趋势不属于突变现象。但 1970 年代以来 UF 值<0,表明雄安新区年平均风速一直呈减小趋势,且自 1977 年开始减小趋势显著。苗正伟等(2018)在京津冀地区近 55 a 气候演变特征分析中指出,京津冀平均风速在 1981 年发生由减小到显著减小的突变,与本研究的风速显著性减小趋势大致一致。

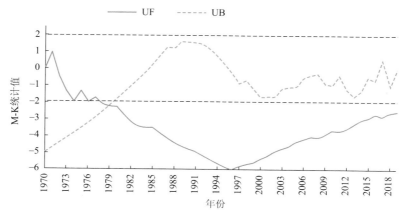

图 3.24　1970—2019 年雄安新区年平均风速 M-K 统计量曲线

3.3.3　主要结论

(1)1970—2019 年雄安新区多年平均风速为 1.8 m/s,近 50 a 年平均风速平均每 10 a 减小 0.146 m/s,年平均风速的显著减小趋势不属于突变现象。1990 年代前后呈现不同的变化趋势,即 1970—1994 年风速减小趋势尤为显著,平均每 10 a 减小 0.584 m/s,1995—2019 呈增大趋势,平均每 10 a 增大 0.066 m/s。月平均风速最大值均出现在 4 月,最小值均出现在 8 月。

(2)近 50 a 雄安新区不同季节平均风速为春季＞夏季＞冬季＞秋季;各季节的平均风速均呈现波动减小趋势,春季风速减小幅度最大,平均每 10 a 风速减小 0.217 m/s,其他 3 个季节的减小幅度为 0.108～0.119 m/s。1990 年代中期前后 4 个季节的平均风速均呈现不同的变化趋势,即 1970—1994 年呈减小趋势,春季减小趋势最为显著,平均每 10 a 减小 0.750 m/s,1995—2019 年各季节平均风速均呈增大趋势,夏季增大幅度较其他季节偏大。

(3)1975—2019 年雄安新区最大风速呈波动减小趋势,平均每 10 a 减小 0.612(容城)～1.701 m/s(安新),1975 年以来,雄安新区年最大风速最高值为 24.7 m/s(雄县,2019 年),最低值为 7.0 m/s(容城,1997 年)。

(4)目前单独分析雄安新区气候方面的文章比较少,本节分析的雄安新区年平均风速呈显著减小趋势与京津冀地区年平均风速的变化趋势一致,但变化幅度有所不同,雄安新区近 50 a 平均每 10 a 平均风速减小幅度接近于京津冀地区平均值(1961—2015 年平均每 10 a 减小 0.193 m/s(窦以文等,2018),小于河北省(1961—2010 年平均每 10 年减小 0.207 m/s(付桂琴等,2015)。由此可以看出 1995—2019 年雄安新区平均风速增加趋势使得近 50 a 风速的减小幅度变小。

(5)本节尚未对雄安新区风速变化原因进行具体分析,查阅相关文献,付桂琴等(2015)认为河北省风速减小原因为 1980 年代以后影响我国的西风指数增加、环流经向度减小,且城市化气候效应在一定程度上对风速减小起到了促进作用。李志坤等(2017)对北京市风速变化原因研究认为,由于城市建设用地范围和建筑物在空间维度的快速扩展,下垫面粗糙特性的改变造成了局地风场的变化。赵宗慈等(2016)指出,风速减小的原因来自于自然和人类强迫两大方面,但是实际上,自然气候系统内部的各要素也有可能受到来自人类活动的影响,自然因素和人类活动对风速的影响无法绝对分开,研究中国风速变化特征和原因,需要考虑全球风速变化特征、变化的可能原因以及对本地风速变化的贡献等。因此,持续监测局地风速变化特征和更深入分析其变化原因,对于雄安新区建设以及防灾减灾均具有重要意义。

3.4　日照

3.4.1　年日照时数

1970—2019 年雄安新区多年平均日照时数为 2364.3 h,较京津冀平均日照时数偏少173 h(窦以文等,2018),辖区 3 个县平均日照时数为 2291.1～2422.3 h。近 50 a 年全区平均日照时数的时间序列显示(图 3.25),雄安新区年日照时数整体呈减少趋势,平均每 10 a 减少87.4 h,其中安新县日照时数减少趋势最为显著,平均每 10 a 减少 114.0 h,容城、雄县平均每10 a 减少 90.1 h 和 80.2 h,各地日照时数减少趋势均通过信度水平为 0.01 的显著性检验(表 3.11)。

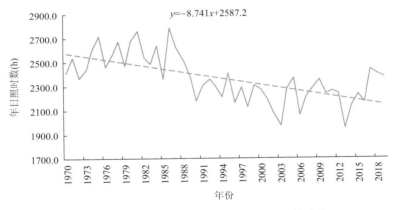

图 3.25　1970—2019 年雄安新区年日照时数变化

表 3.11　1970—2019 年雄安新区日照时数统计

时间	容城	安新	雄县	全区平均
50 a 变化趋势(h/10 a)	−90.072**	−114.01**	−80.188**	−87.41**
1970—1989 年平均(h)	2474.7	2641.5	2585.6	2552.3
1990—2019 年平均(h)	2168.8	2290.8	2257.4	2239

注:**表示通过信度水平 0.01 的显著性检验。

进一步分析可见,雄安新区各地年日照时数明显减少发生于 1990 年代初期,即近 30 a 平均日照时数较前 20 a 减少 305.9～350.7 h(表 3.11)。

从不同年代平均日照时数来看,1970 年代、1980 年代平均日照时数超过 2500 h,1980 年代平均日照时数最多,为 2577.6 h,进入 1990 年代日照时数明显减少,2000 年代最少,为2207.4 h,近 10 a 全区平均日照时数为 2245.2 h(图 3.26)。

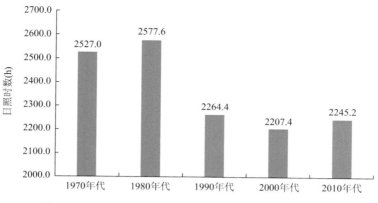

图 3.26　1970—2019 年雄安新区不同年代日照时数对比

3.4.2　季日照时数

1970—2019 年,雄安新区各季节日照时数均呈波动减少趋势,其中夏季、秋季、冬季日照时数减少幅度较大,平均每 10 a 分别减少 18.0 h、32.9 h 和 29.1 h,3 个季节的线性减少趋势均通过信度水平为 0.01 的显著性检验,春季日照时数减少趋势不显著(图 3.27)。

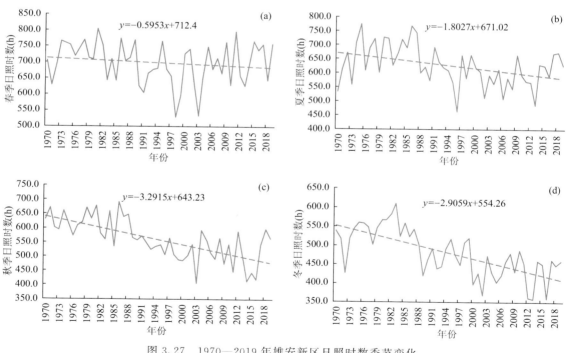

图 3.27　1970—2019 年雄安新区日照时数季节变化
(a)春季;(b)夏季;(c)秋季;(d)冬季

区域内 3 个县不同季节日照时数变化趋势与全区平均日照时数变化趋势一致,即 3 个县春季日照时数均呈不显著减少趋势;安新夏季日照时数减少幅度大于其他两县,平均每 10 a 减少 29.3 h,容城、雄县平均每 10 a 分别减少 17.6 h、19.5 h;秋季日照时数减少幅度大于夏季,其中安新平均每 10 a 减少 37.7 h,容城、雄县平均每 10 a 分别减少 33.7 h 和 28.9 h,各地冬季日照时数平均每 10 a 减少 30.3～31.7 h(表 3.12)。

表 3.12　1970—2019 年雄安新区各地不同季节日照时数气候变化倾向率(h/10 a)

	春季	夏季	秋季	冬季
全区平均	−5.953	−18.027**	−32.9156**	−29.059**
容城	−8.672	−17.606*	−33.669**	−31.695**
安新	−9.55	−29.319**	−37.657**	−30.268**
雄县	−0.675	−19.544*	−28.917**	−30.419**

注:＊表示通过信度水平 0.05 的显著性检验,＊＊表示通过信度水平 0.01 的显著性检验。

进一步分析可见,雄安新区各季节日照时数明显减少发生于 1990 年代初期,秋季减少幅度最大,近 30 a 秋季日照时数较前 20 a 减少 103.8 h,春季减少幅度最小,为 43.4 h,夏季、冬季则分别减少 71.9 h 和 87.3 h(图 3.28)。

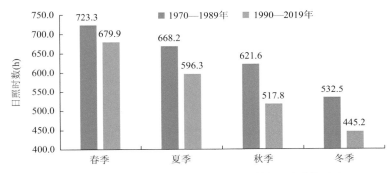

图 3.28　雄安新区不同季节不同时段平均日照时数对比

3.4.3　日照百分率

1970—2019 年雄安新区多年平均日照百分率为 54％,辖区 3 个县平均日照百分率为 52％～55％。近 50 a 全区平均日照百分率的时间序列显示,雄安新区年日照百分率与日照时数变化趋势一致,呈整体减小趋势,平均每 10 a 减小 1.886％(图 3.29),其中安新县日照百

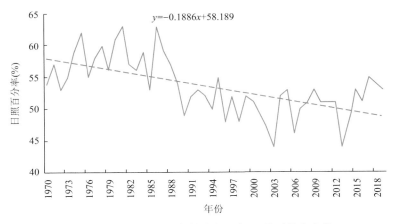

图 3.29　1970—2019 年雄安新区年日照百分率变化

分率减小趋势最为显著,平均每 10 a 减小 3.328%,容城、雄县平均每 10 a 减小 2.506% 和 2.803%,各地日照百分率减小趋势均通过信度水平为 0.01 的显著性检验(表 3.13)。

进一步分析可见,雄安新区各地年日照百分率明显减小发生于 1990 年代初期,即近 30 a 平均日照百分率较前 20 a 减小 7%～8%(表 3.13)。

表 3.13　1970—2019 年雄安新区日照百分率统计(%)

时间	容城	安新	雄县	全区平均
50 a 趋势	−2.506**	−3.328**	−2.803**	−1.886**
1970—1989 年	56	60	58	58
1990—2019 年	49	52	51	51

注:** 表示通过信度水平 0.01 的显著性检验。

从不同年代平均日照百分率来看,1970 年代、1980 年代平均日照百分率超过 55%,1980 年代日照百分率最高,为 58.2%,进入 1990 年代日照百分率明显减小,2000 年代最小,为 49.6%,近 10 a 全区平均日照百分率为 51.1%(图 3.30)。

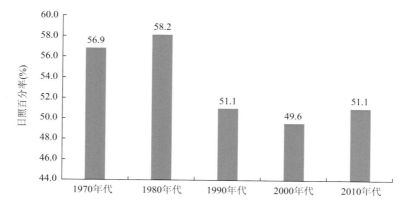

图 3.30　1970—2019 年雄安新区不同年代日照百分率对比

3.4.4　主要结论

(1)近 50 a,雄安新区年日照时数整体呈显著减少趋势,平均每 10 a 减少 87.41 h。多年平均日照时数为 2364.3 h,较京津冀平均日照时数偏少 173 h。进入 1990 年代日照时数明显减少,2000 年代最少。

(2)各季节日照时数均呈波动减少趋势,其中夏季、秋季、冬季日照时数减少幅度较大,平均每 10 a 分别减少 18.0 h、32.9 h 和 29.1 h,春季日照时数减少趋势不显著。各季节日照时数明显减少发生于 1990 年代初期。

(3)近 50 a 全区平均日照百分率与日照时数变化趋势一致,呈显著减小趋势,平均每 10 a 减小 1.886%。雄安新区多年平均日照百分率为 54%。

3.5　蒸发量

以容城和安新两个气象观测站 1971—2012 年连续观测的小型蒸发观测数据,分析雄安新区蒸发量变化特征。

3.5.1　年蒸发量

1971—2012 年,雄安新区年蒸发量呈减小趋势,平均每 10 a 减小 89.2 mm,其线性减小趋势通过信度水平为 0.01 的显著性检验。1990 年代前后年蒸发量呈现不同的变化趋势,即 1971—1989 年蒸发量呈显著减小趋势,平均每 10 a 减少 188.1 mm,其线性减小趋势通过信度水平为 0.01 的显著性检验,而 1990—2012 年蒸发量的年际变化趋势不明显,两个时段的平均蒸发量分别为 1730.0 mm 和 1538.2 mm,即 1990—2012 年平均蒸发量较前 20 a 减少 191.8 mm。1971—2012 年雄安新区多年平均蒸发量为 1625.0 mm(图 3.31)。

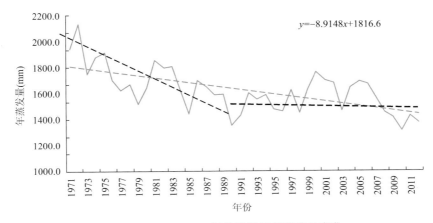

$y=-8.9148x+1816.6$

图 3.31　1971—2012 年雄安新区年蒸发量变化

3.5.2　季蒸发量

1971—2012 年,雄安新区各季节蒸发量均呈减小趋势,其中夏季蒸发量线性减小趋势通过信度水平为 0.05 的显著性检验,其他 3 个季节均通过信度水平为 0.01 的显著性检验。春季蒸发量减小幅度最大,平均每 10 a 减少 37.5 mm,冬季蒸发量减小幅度最小,平均每 10 a 减少 8.6 mm。各季节蒸发量减小趋势对年蒸发量减小趋势的贡献大小为:春季＞夏季＞秋季＞冬季(图 3.32,表 3.14)。

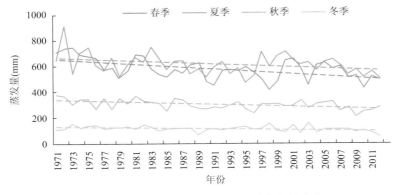

图 3.32　1971—2012 年雄安新区季蒸发量变化

表 3.14　1971—2012 年雄安新区各地不同季节蒸发量气候变化倾向率(mm/10 a)

地点	春季	夏季	秋季	冬季
全区平均	−37.457**	−25.437*	−17.642**	−8.615**

注：* 表示通过信度水平 0.05 的显著性检验，** 表示通过信度水平 0.01 的显著性检验。

　　1971—2012 年，各季多年平均蒸发量差异较大，夏季平均蒸发量最大，为 620.1 mm，冬季蒸发量最小，为 117.0 mm，春季和秋季多年平均蒸发量分别为 580.2 mm、305.4 mm（图 3.33）。

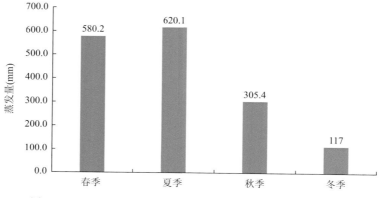

图 3.33　1971—2012 年雄安新区各季节多年平均蒸发量对比

3.5.3　月蒸发量

　　雄安新区各月多年平均蒸发量呈单峰型分布，6 月蒸发量最大，为 255.1 mm，12 月蒸发量最小，为 31.0 mm，4—7 月每月蒸发量大于 200 mm，为 201.8～255.1 mm，3 月、8—10 月蒸发量为 108.5～163.1 mm，1—2 月、11—12 月蒸发量则为 31.0～55.5 mm（图 3.34）。

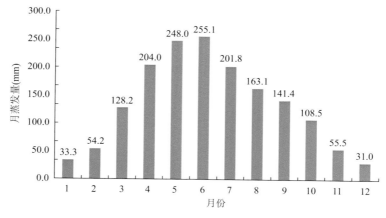

图 3.34　1971—2012 年雄安新区逐月多年平均蒸发量分布

3.5.4　主要结论

　　(1)1971—2012 年，雄安新区年蒸发量呈显著减小趋势，平均每 10 a 减少 89.2 mm，1990年代前后年蒸发量呈现不同的变化趋势，即 1990—2012 年平均蒸发量较前 20 a 减少 191.8 mm。

雄安新区多年平均蒸发量为 1625.0 mm。

（2）雄安新区各季节蒸发量均呈减小趋势，春季蒸发量减小幅度最大，平均每 10 a 减少 37.5 mm，冬季蒸发量减少幅度最小，平均每 10 a 减少 8.6 mm。各季节蒸发量减小趋势对年蒸发量减小趋势的贡献大小为：春季＞夏季＞秋季＞冬季。

（3）夏季平均蒸发量最大，为 620.1 mm，冬季蒸发量最小，为 117.0 mm，春季和秋季多年平均蒸发量分别为 580.2 mm、305.4 mm。雄安新区各月多年平均蒸发量呈单峰型分布，6 月蒸发量最大，为 255.1 mm，12 月蒸发量最小，为 31.0 mm。

第 4 章　雄安新区近 50 年其他气象要素及天气现象变化特征

本章选取雄安新区辖区内 3 个国家气象观测站 1970—2019 年的气象观测数据,采用线性回归分析、Pearson 相关系数法,简单统计分析大风日数、大雾日数等 12 种其他气象要素的变化特征。在保证资料完整性的前提下,研究中尽可能选取长时间序列进行分析,以免漏掉某些要素的极端特征,其中积雪日数、降雪日数、积雪深度资料为安新县气象观测站自建站以来的观测数据,即研究时段为 1960—2019 年,冻土深度研究时段为 1968—2019 年。

4.1　大风日数

1970—2019 年雄安新区大风日数呈显著减少趋势,容城、安新、雄县大风日数的气候倾向率分别为 −2.367 d/10 a、−2.107 d/10 a 和 −3.899 d/10 a,其线性趋势均通过信度水平为 0.01 的显著性检验(图 4.1)。

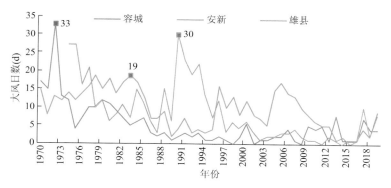

图 4.1　1970—2019 年雄安新区大风日数变化特征

近 50 a,容城县年大风日数最多时达 33 d(1972 年),1986 年以来大风日数明显减少,年平均大风日数仅 2.4 d,42% 的年份大风日数少于 2 d,1990 年以来有 3 a 无大风天气出现。安新县年大风日数最多时为 23 d(1969 年),2000 年以来有 2 a 未出现大风天气。雄县年大风日数最多时为 30 d(1990 年),2000 年以来大风日数明显减少,有 2 a 未出现大风天气(表 4.1)。

表 4.1　1970—2019 年雄安新区大风日数统计

项　　目	容城	安新	雄县
平均年大风日数(d)	5.3	9.6	8.6
年最多大风日数(d)	33	23	30
年最少大风日数(d)	0	0	0
气候倾向率(d/10 a)	−2.367**	−2.107**	−3.899**

注:** 表示通过信度水平 0.01 的显著性检验。

图 4.2 是雄安新区 1970—2019 年逐年累计月大风日数,由图可知,容城、雄县大风日数最多的月份为 4 月,近 50 a 累计大风日数分别为 55 d 和 72 d,大风日数次多月份分别为 5 月(46 d)、3 月(62 d)。安新县大风日数最多月份为 3 月(72 d),次多月份为 4 月(71 d)。3 个县大风日数最少的月份均为 9 月,近 50 a 容城县于 9 月出现大风天气仅为 1 次(2004 年),安新、雄县 9 月累计大风日均为 12 d,其次大风日数较少的月份为 1 月和 12 月。

综上所述,雄安新区大风天气多出现在 3—7 月,3—7 月累计大风日数占总大风日数的 68%。

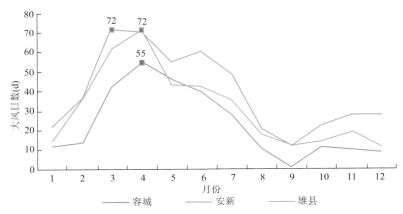

图 4.2 1970—2019 年雄安新区月累计大风日数变化特征

4.2 大雾日数

1970—2019 年,雄安新区各地多年平均大雾日数为 26~30 d,最多大雾日数分布为:容城 49 d(1973 年、2017 年)、安新 66 d(2007 年)、雄县 47 d(1976 年)。最少大雾日数分布为:容城 12 d(2012 年)、安新 17 d(1970 年)、雄县 10 d(2011 年)(表 4.2)。

表 4.2 1970—2019 年雄安新区大雾日数统计

观测站	平均大雾日数	大雾日数最多	大雾日数最少
容城	26 d	49 d(1973 年、2017 年)	12 d(2012 年)
安新	30 d	66 d(2007 年)	17 d(1970 年)
雄县	26 d	47 d(1976 年)	10 d(2011 年)

近 50 a 年大雾日数的时间序列显示,容城大雾日数呈不显著减少趋势,气候倾向率为 −0.062 d/10 a,安新、雄县则呈增多趋势,气候倾向率分别为 2.598 d/10 a、0.495 d/10 a,其中,安新大雾日数线性增多趋势通过信度水平为 0.05 的显著性检验(图 4.3)。

雄安新区各地大雾天气主要出现在秋冬季节,12 月出现大雾天气的频次最多,1 月、11 月、12 月多年平均大雾日数为 4~5 d,其中 1 月最多大雾日数为 16 d(容城,1973 年),11 月最多大雾日数为 16 d(雄县,2018 年),12 月最多大雾日数为 16 d(安新,2007 年)。各地 2 月、8 月、9 月多年平均大雾日数为 2~3 d,其他月份则为 1~2 d(图 4.4)。

综上分析可见,安新年大雾日数、月平均大雾日数,以及年最多大雾日数、最少大雾日数等均明显多于其他两县。

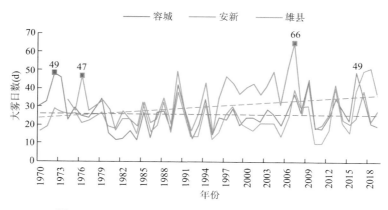

图 4.3　1970—2019 年雄安新区各地年大雾日数变化

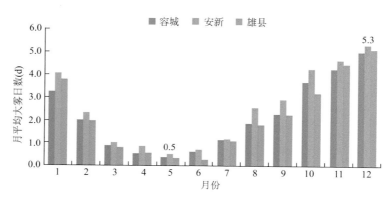

图 4.4　1970—2019 年雄安新区各地逐月大雾日数分布

4.3　冰雹日数

1970—2019 年,雄安新区各地多年平均冰雹日数为:容城 0.5 d,安新 0.6 d,雄县 0.7 d。近 50 a,雄安新区一年内出现 2 d 冰雹天气的年份有 4～8 a,雄县有 4 a 出现 3 d 冰雹天气,1991 年安新出现 4 d 冰雹天气。出现 1 日冰雹天气的年份为 11～15 a(表 4.3)。

表 4.3　1970—2019 年雄安新区冰雹日数统计

出现冰雹日数	1 d	2 d	3 d	4 d
容城	15 a	4 a		
安新	11 a	8 a		1 a
雄县	14 a	4 a	4 a	

雄安新区各地冰雹天气主要出现在 4—10 月,以 5—7 月出现冰雹站次最多,其中 7 月出现 20 站次,4 月、8—10 月出现为 7～8 站次(图 4.5)。

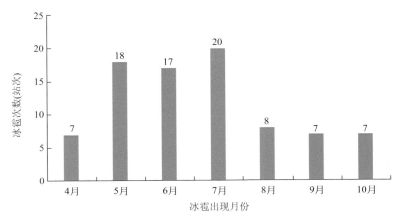

图 4.5　1970—2019 年雄安新区各月冰雹天气统计

4.4　降雨日数

以容城为代表站,分析雄安新区 1970—2019 年逐年降雨日数和各级降水日数变化特征 (表 4.4),结果表明,近 50 a 降雨日数呈显著减少趋势,平均每 10 a 减少 5.3 d,降雨日数减少 趋势通过信度水平为 0.01 的显著性检验。近 50 a,除≥0.1 mm 日数和≥5.0 mm 日数呈增 加趋势外,其余各级降水日数均呈减少趋势,但各级降水日数的气候变化趋势均未通过显著性 检验。

雄安新区近 50 a 平均降雨日数为 81.4 d,雨日最多时为 121 d(1990 年),最少时为 61 d (2014 年)。≥0.1 mm 日数为 63.5 d,但出现中雨以上量级的降水日数明显偏少,≥10.0 mm (中雨)日数平均为 14.5 d,≥25.0 mm(大雨)日数为 5.3 d,≥50.0 mm 日数仅为 1.4 d。结 合前面一日最大降水量分析结果,雄安新区近 50 a 出现大雨,特别是暴雨(日降水量≥50.0 mm) 的日数较少,但日最大降水量最多时达 263.4 mm,近 50 a 日降水量≥100.0 mm 的共出现 8 d,日降水量≥150.0 mm 的共出现 2 d,所以雨日显著减少、暴雨日数少不代表由暴雨带来 的灾害风险小。

表 4.4　1970—2019 年雄安新区容城县各级降水日数统计

	雨日	≥0.1 mm	≥1.0 mm	≥5.0 mm	≥10.0 mm	≥25.0 mm	≥50.0 mm
50 a 平均(d)	81.4	63.5	42.4	22.6	14.5	5.3	1.4
近 50 a 气候倾向率 (d/10a)	−5.296	0.026	−0.002	0.377	−0.016	−0.234	−0.198
线性相关系数	−0.5853*	0.0037	−0.0044	0.0868	−0.0048	−0.01341	−0.2229

注:* 表示线性相关系数通过信度水平为 0.01 的显著性检验。

4.5　冻土深度

以容城县气象观测站建站以来完整的冻土观测资料(1968—2019 年)为代表,分析雄安新区最大冻土深度变化特征。

1968 年以来,雄安新区最大冻土深度呈波动减小趋势,平均每 10 a 减小 7.3 cm,线性变化趋势通过信度水平为 0.01 的显著性检验。有气象观测资料以来,雄安新区最大冻土深度为 97 cm,分别出现在 1981 年、1984 年和 2000 年,最大冻土深度最小值为 30 cm,出现在 2015 年。近 52 a,最大冻土深度≥50 cm 的年份出现 42 a,占研究时段的 81%,≥80 cm 的年份出现 11 a,占 21%。最大冻土深度的波动减小趋势也是对气温显著升高的明显响应之一(图 4.6)。

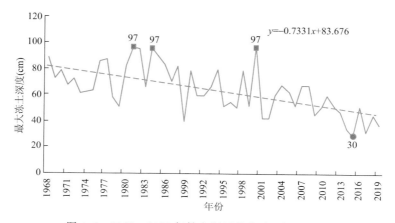

图 4.6　1968—2019 年雄安新区最大冻土深度变化

4.6　积雪深度

以安新县气象观测站建站以来完整的积雪观测资料(1960—2019 年)为代表,分析雄安新区最大积雪深度、积雪日数、降雪日数变化特征。

1960 年以来,雄安新区最大积雪深度呈不显著减小趋势,平均每 10 a 减小 0.6 cm。有气象观测资料以来,雄安新区最大积雪深度为 26 cm,出现在 1979 年(图 4.7)。

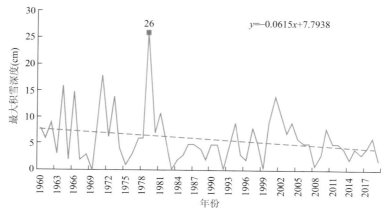

图 4.7　1960—2019 年雄安新区最大积雪深度变化

4.7　积雪日数

1960 年以来,雄安新区积雪日数呈不显著减少趋势,平均每 10 a 减少 1.1 d。有气象观测资料以来,雄安新区最多积雪日数为 67 d,出现在 1964 年,其他大部年份积雪日数为 0～30 d,近 10 a 平均积雪日数为 11.8 d(图 4.8)。

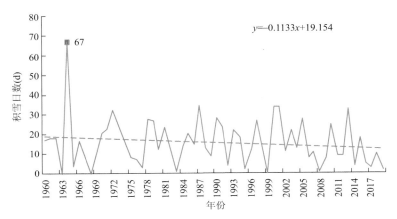

图 4.8　1960—2019 年雄安新区积雪日数变化

4.8　降雪日数

1960 年以来,雄安新区降雪日数呈波动减少趋势,平均每 10 a 减少 0.9 d,线性变化趋势通过信度水平为 0.01 的显著性检验,近 30 a(1990—2019 年)降雪日数减少幅度较大,平均每 10 a 减少 2.8 d。有气象观测资料以来,雄安新区最多降雪日数为 26 d,出现在 1991 年,1963 年和 1968 年无降雪出现,其他大部年份降雪日数为 5～20 d。近 60 a,雄安新区降雪日数≥10 d 年份出现 36 a,占研究时段的 60%,≥20 d 的年份出现 8 a,占 13%(图 4.9)。

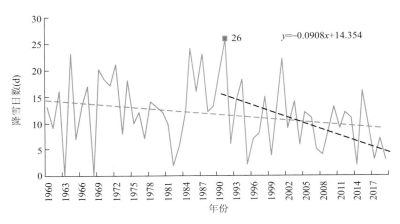

图 4.9　1960—2019 年雄安新区降雪日数变化

4.9 霜冻日数

霜冻日数,是指日最低气温<0 ℃的日数,是表征极端气温类的极端气候指数之一。

近50 a年霜冻日数的时间序列显示,雄安新区各地霜冻日数均呈明显减少趋势(图4.10),容城、安新、雄县霜冻日数气候倾向率分别为−3.423 d/10 a、−1.859 d/10 a、−2.954 d/10 a,气候倾向率均通过信度水平为0.01的显著性检验。

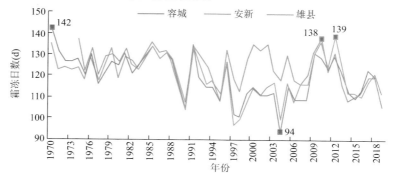

图 4.10   1970—2019 年雄安新区霜冻日数变化

1970—2019 年雄安新区各地多年平均霜冻日数为120～124 d,最多霜冻日数分布为:容城142 d(1970 年)、安新138 d(2010 年)、雄县139 d(2012 年)。最少霜冻日分布为:容城94 d(2004 年)、安新106 d(2019 年)、雄县97 d(1997 年)。各地最多霜冻日数与最少霜冻日数差值为22～48 d(表4.5)。

表 4.5   1970—2019 年雄安新区霜冻日数统计

观测站	平均霜冻日数	霜冻日数最多	霜冻日数最少	变幅
容城	120 d	142 d(1970 年)	94 d(2004 年)	48 d
安新	124 d	138 d(2010 年)	106 d(2019 年)	22 d
雄县	120 d	139 d(2012 年)	97 d(1997 年)	42 d

进一步分析可见,1990 年代中期以来,各地霜冻日数较前期整体偏少,近25 a(1995—2019 年)容城、安新、雄县平均霜冻日数分别为114 d、121 d、116 d,较1970—1994 年平均值分别减少11 d、5 d、10 d(图4.11)。

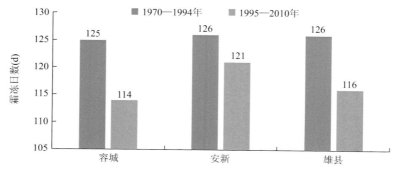

图 4.11   雄安新区不同时段平均霜冻日数对比

4.10　夏日日数

夏日日数,是指日最高气温＞25 ℃的日数。

1970—2019 年雄安新区各地多年平均夏日日数为 142～144 d,夏日日数最多年份均出现在 1994 年,分别为:容城 160 d、安新 161 d、雄县 159 d。夏日日数最少年份均出现在 1976 年,分别为:容城 129 d、安新 129 d、雄县 126 d。各地夏日日数最多值与最少值差值为 33～42 d(表 4.6)。

表 4.6　1970—2019 年雄安新区夏日日数统计

观测站	平均夏日日数	夏日日数最多	夏日日数最少	变幅
容城	143 d	160 d(1994 年)	129 d(1976 年)	41 d
安新	142 d	161 d(1994 年)	129 d(1976 年)	42 d
雄县	144 d	159 d(1994 年)	126 d(1976 年)	33 d

近 50 a 夏日日数的时间序列显示,雄安新区各地夏日日数均呈明显增加趋势(图 4.12),容城、安新、雄县夏日日数气候倾向率分别为 2.120 d/10 a、2.371 d/10 a、2.885/10 a,气候倾向率均通过信度水平为 0.01 的显著性检验。

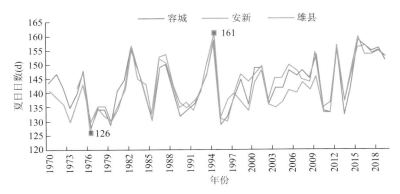

图 4.12　1970—2019 年雄安新区夏日日数变化

进一步分析夏日日数的年代际变化可见,各地 1970 年代夏日日数最少,容城、安新、雄县平均夏日日数分别为 138 d、135 d、136 d,近 10 a 夏日日数最多,三地夏日日数均为 148 d,较 1970 年代多 11～13 d(图 4.13)。

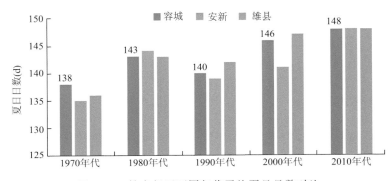

图 4.13　雄安新区不同年代平均夏日日数对比

4.11 雷暴日数

1968—2013 年雄安新区多年平均雷暴日数为 28 d,各地逐年雷暴日数呈不显著减少趋势,平均每 10 a 减少 1.3~1.6 d。雄安新区最多雷暴日数为 47 d(1990 年,雄县),最少雷暴日数为 16 d(1981 年,容城;1984 年,雄县)(图 4.14)。

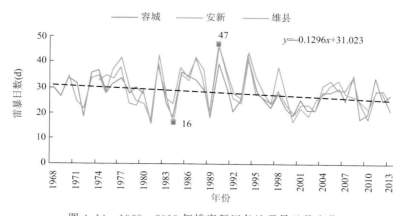

图 4.14 1968—2013 年雄安新区各地雷暴日数变化

雄安新区雷暴天气主要出现在 4—10 月,其中 5—8 月雷暴日数占全年雷暴日数的 85.7%。3 月累计 3~6 站次出现雷暴,11 月累计 2~5 站次出现雷暴,1 月、2 月、12 月均无雷暴天气出现(图 4.15)。

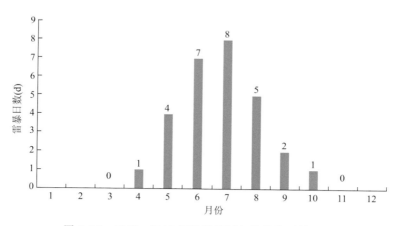

图 4.15 1968—2013 年雄安新区各月平均雷暴日数

4.12 闪电次数与强度

闪电是云与云、云与地或云体内多部位之间发生的强烈的放电现象,常伴有高电压、大电流、强电磁辐射等特征。地闪指云对地放电时产生的猛烈的冲击波、高温等,能对地面上的生物、建筑物和设施构成严重危害,对人类的生产和生活造成巨大的破坏作用。尤其随着智能建筑的迅猛发展,超大规模集成电路的广泛应用,地闪造成的社会影响和经济损失越来越大。研究地闪的发生频次、电流强度等时空分布特征,了解地闪的活动规律,在建设规划、项目选址、总体布局时合理安排,在项目建设中采取经济合理、安全有效的雷电防护措施,做到灾前有效预防和减轻雷电灾害风险,最大限度避免和减少雷电灾害及其造成的损失,对气象防灾减灾有着积极的作用。

本节闪电定位系统监测资料由河北省电力公司提供。资料时间为 2005—2007 年、2009—2015 年,包括闪电发生时间、电流强度、经纬度、定位方式等信息。将雄安新区分为 2 km×2 km 的网格,与地闪数据进行空间连接,提取每个网格内的地闪年均发生次数、平均电流强度、最大电流强度。年平均密度为每个网格内年均地闪发生次数与相应面积之比,平均电流强度和为网格的地闪强度代数和与发生次数之比。

由地闪数据统计可见,2005—2007 年、2009—2015 年 10 年间雄安新区共发生地闪 59365次,平均电流强度为 37.6 kA,其中负地闪发生次数占 93.9%,平均电流强度 36.32 kA,正地闪占比较小,但平均电流强度远高于负地闪,达 57.6 kA。地闪最早发生在 3 月 12 日 02 时 47分(2013 年),地点为安新县刘李庄镇,电流强度为 91.1 kA,最晚出现在年 12 月 27 日 01 时23 分(2009 年),地点为雄县鄚州镇,强度为 16.0 kA(表 4.7)。

表 4.7　2005—2007 年、2009—2015 年雄安新区地闪统计

闪　　电	闪电发生次数	平均电流强度(kA)	比例(%)
总地闪	5937	37.62	100.0
负地闪	5572	36.32	93.9
正地闪	365	57.56	6.1

4.12.1　地闪时空分布特征

(1)年变化

由地闪发生次数年变化可见,总地闪次数 2005—2007 年呈现缓慢上升趋势,2009 年有所下降,2009—2015 年呈现交替升降变化,2015 年发生次数最多,达到 11488 次。正、负地闪与总地闪变化趋势差别不大(图 4.16)。

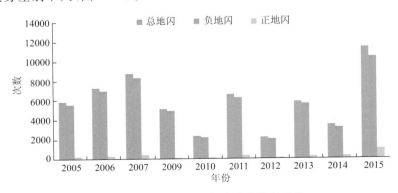

图 4.16　雄安新区地闪发生次数年变化

(2)月变化

由地闪发生次数月变化可见,雄安新区地闪主要集中在 6—8 月,占全年总发生次数的

89.7%。1月、2月未发生地闪,7月发生地闪最多,占全年总发生次数的39.0%,9月明显减少,12月仍有闪电发生,10年间12月共发生地闪2次,均为负地闪,进入11月,正地闪未出现。3—10月正、负地闪与总地闪月变化趋势接近(图4.17)。

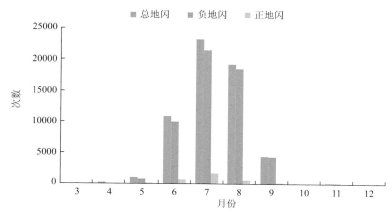

图4.17 雄安新区地闪发生次数月变化

(3)日变化

由地闪发生次数日变化可见,地闪主要发生在凌晨、午后至入夜,集中在凌晨06时及16—01时。一日中上午发生地闪次数较少,08—12时发生次数仅占全天发生次数的3.3%,13—01时之间发生次数占全天次数的77.6%。其中19时占比最大,年均发生次数为5080次,达全天次数的8.6%。正地闪与总地闪日变化略有不同,13—01时之间发生次数占达80.2%,0时次数最多,占比13.7%(图4.18)。

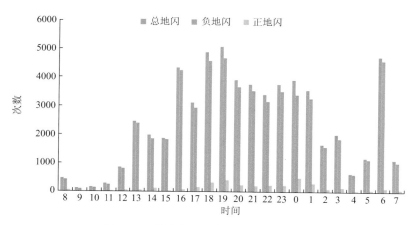

图4.18 雄安新区地闪发生次数日变化

(4)地闪密度空间分布

由地闪年平均密度空间分布可见,总地闪密度为0.44~5.95次/(km²·a),高密度区集中分布在圈头乡、刘李庄镇、端村镇、安州镇、寨里乡、小里镇、三台镇,并在米家务镇、昝岗镇、老河头镇有零散分布。白洋淀南部水域位置属于地闪高密度区,而淀区北部为低密度区(图4.19)。负地闪年平均密度空间分布与总地闪差别不大。正地闪发生高密度区主要集中在刘李庄镇、端村镇、圈头乡、七间房镇,并在八于乡、容城县城区、米家务镇有零散分布(图略)。

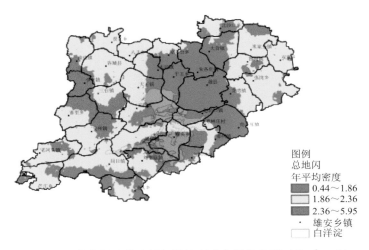

图 4.19　雄安新区总地闪年平均密度空间分布(次/(km² · a))

4.12.2　地闪电流强度特征

(1)地闪平均电流强度幅值分布

由地闪平均电流强度幅值分布可见,强度 21～40 kA 出现最多,占总次数的 38.0%,60 kA 以上占到总次数的 13.4%。负地闪平均强度与总地闪幅值分布基本一致,正地闪强度分布较分散(图 4.20)。

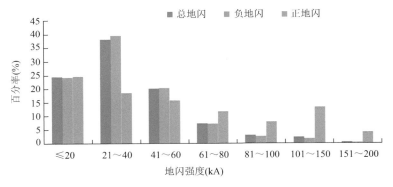

图 4.20　雄安新区地闪平均电流强度幅值分布

(2)年变化

由地闪平均电流强度年变化可见,总地闪、负地闪、正地闪年际变化基本一致,在 2005—2013 年之间呈缓慢上升,2013—2015 年缓慢下降,2015 年地闪发生次数最多,地闪强度最低,降至 19.8 kA(图 4.21)。

(3)月变化

由地闪平均电流强度月变化可见,3—11 月之间总地闪平均强度变化趋势不明显,在 31.1～63.7 kA 之间,4 月总地闪强度最大,12 月总地闪强度最小。负地闪与总地闪变化趋势基本一致,但正地闪呈现 3 月、4 月较大,4 月达到 122.6 kA,11 月、12 月未出现正地闪(图 4.22)。

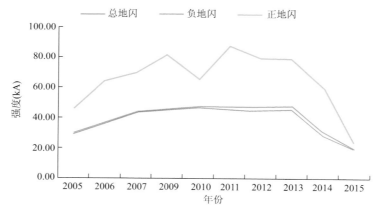

图4.21 雄安新区地闪平均电流强度年变化

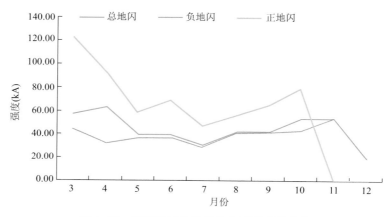

图4.22 雄安新区地闪平均电流强度月变化

（4）日变化

由地闪平均电流强度日变化可见,总地闪、负地闪强度日变化趋势不明显,总地闪在29.7~47.8 kA,负地闪在27.7~42.7 kA,正地闪一日中变化较大,在25.7~97.6 kA变化,10时达到最大,00时最小(图4.23)。

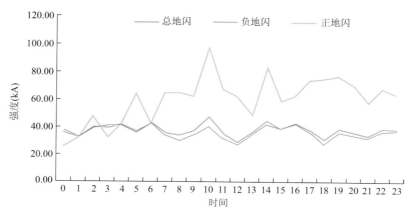

图4.23 雄安新区地闪平均电流强度日变化

（5）地闪平均强度空间分布

由地闪平均强度空间分布可见,总地闪高强度区集中在雄安新区西部和东部区域的小里镇、三台镇、寨里乡、老河头镇、芦庄乡、八于乡、张岗乡,并在圈头乡、鄚州镇有零散分布。总地闪低强度区分布在端村、赵北口、朱各庄镇、大营镇、北沙口乡(图 4.24)。负地闪高强度区在圈头乡、小里镇、安州镇、寨里乡北部区域,低密度区在雄安新区中部区域,平王乡、朱各庄镇、雄县城附近区域。正地闪平均强度较大,新区大部分地区呈现高强度,仅在西南、东北小部分区域呈现低强度(图略)。

总体来看,雄安新区地闪年平均密度和平均电流强度空间分布呈现重合区域较多,高密度区也是高强度区,在朱各庄镇、雄县县城、大营镇附近区域呈现地闪低密度和低强度重合。

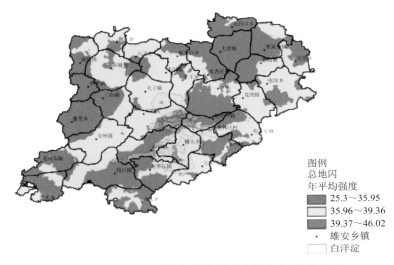

图 4.24　雄安新区总地闪平均强度空间分布(单位:kA)

4.13　本章小结

（1）近 50 a,雄安新区各地大风日数呈显著减少趋势,平均每 10 a 减少 2~4 d,多年平均大风日数为 5.3~9.6 d。大风日数最多的月份为 4 月,3—7 月累计大风日数占总大风日数的 68%。

（2）近 50 a,雄安新区各地多年平均大雾日数为 26~30 d,容城大雾日数呈不显著减少趋势,安新、雄县则呈显著增多趋势。各地大雾天气主要出现在秋冬季节,12 月出现大雾天气的频次最多,1 月、11 月、12 月多年平均大雾日数为 4~5 d。

（3）近 50 a,雄安新区各地多年平均冰雹日数为:容城 0.5 d,安新 0.6 d,雄县 0.7 d。各地冰雹天气主要出现在 4—10 月,以 5—7 月出现冰雹站次最多。

（4）近 50 a,降雨日数呈显著减少趋势,平均每 10 a 减少 5.3 d,多年平均降雨日数为 81.4 d。雄安新区近 50 a 出现大雨,特别是暴雨(日降水量≥50.0 mm)的日数较少,但日最大降水量最多时达 263.4 mm,降水量≥100.0 mm 的共出现 8 d,日降水量≥150.0 mm 的共出现 2 d,所以雨日显著减少,暴雨日数少不代表由暴雨带来的灾害风险小。

（5）有气象观测资料以来,雄安新区最大冻土深度为 97 cm。1968 年以来,雄安新区最大冻土深度呈显著减小趋势,平均每 10 a 减小 7.3 cm。最大冻土深度的波动减小趋势也是对气温显著升高的明显响应之一。

(6)有气象观测资料以来,雄安新区降雪日数、最大积雪深度、积雪日数均呈减小趋势。最多降雪日数为 26 d,最大积雪深度为 26 cm,最多积雪日数为 67 d。

(7)近 50 a,雄安新区各地多年平均霜冻日数为 120～124 d,各地霜冻日数均呈明显减少趋势,平均每 10 a 减少 2～3 d,且自 1990 年代中期以来,各地霜冻日数较前期整体偏少。

(8)近 50 a,雄安新区各地多年平均夏日日数为 142～144 d,各地夏日日数均呈明显增加趋势,平均每 10 a 增加 2～3 d。近 10 a 夏日日数较 1970 年代多 11～13 d。

(9)1968—2013 年,雄安新区多年平均雷暴日数为 28 d,各地雷暴日数呈不显著减少趋势,平均每 10 a 减少 1.3～1.6 d。雄安新区雷暴天气主要出现在 4—10 月,其中 5～8 月雷暴日数占全年雷暴日数的 85.7%。

(10)雄安新区 6—8 月发生地闪的次数占全年总发生次数的 89.7%,一日中 13—01 时之间发生次数占全天次数的 77.6%;地闪年平均密度空间分布为 0.44～5.95 次/(km² • a),地闪高密度区主要集中分布在圈头乡、刘李庄镇、端村镇、安州镇、寨里乡、小里镇、三台镇;地闪平均电流强度 21～40 kA 出现次数最多,占总次数的 38.0%,4 月总地闪强度最大,12 月总地闪强度最小。总地闪高强度区集中在雄安新区西部和东部区域的小里镇、三台镇、寨里乡、老河头镇、芦庄乡、八于乡、张岗乡,并在圈头乡、鄚州镇有零散分布。

第5章 雄安新区农业气候特征

《河北雄安新区规划纲要》(中共河北省委等,2018)指出,新区建设坚持把绿色作为高质量发展的普遍形态,充分体现生态文明建设要求,坚持生态优先、绿色发展,贯彻绿水青山就是金山银山的理念,划定生态保护红线,永久基本农田和城镇开发边界。未来的雄安新区将大力发展绿色生态农业,在坚持保障耕地、农田面积的同时,建设国家农业科技创新中心,发展以生物育种为主体的现代生物科技农业,推动苗木、花卉的育种和栽培研发,建设现代农业设施园区,发展创意农业、认养农业、观光农业、都市农业等新业态。

本章分析了近50 a雄安新区三县稳定通过各农业界限温度的初日、各界限温度的有效积温和无霜期的变化特征,以及主要农作物生育期内气温、降水、日照等气象条件的变化特征,为雄安新区绿色农业发展提供气候数据支撑。

5.1 农业界限温度

5.1.1 界限温度的农业意义

具有普遍意义的,标志某些重要物候现象或农事活动的开始、终止或转折,对农业生产具有指示或临界意义的温度称为农业界限温度,简称界限温度。

农业上常用的界限温度有0 ℃、5 ℃、10 ℃、15 ℃、20 ℃。各界限温度的初、终日,持续天数及其积温是常用的具有普遍农业意义的热量指标系统,是农业气候资源调查和区划的热量指标,也是确定农业种植制度和品种布局的基本依据,对农业生产起指导作用,表5.1为雄安新区各地稳定通过各界限温度的初日。

0 ℃界限温度:春季日平均气温稳定通过0 ℃,表示寒冷已过去,土壤开始解冻,积雪开始融化,草木开始萌动,各种田间耕作开始作业。秋季日平均气温低于0 ℃,表示土壤开始冻结,农作物停止生长或开始枯黄,各种田间耕作停止。因此,日平均气温大于0 ℃的持续期一般称为农耕期。

5 ℃界限温度:春季日平均气温稳定通过5 ℃时,早春作物开始播种,多数作物和果树开始恢复生长。秋季日平均气温下降到5 ℃以下时,作物生长缓慢。因此日平均气温在5 ℃以上的持续时间称为植物的生长期。

10 ℃界限温度:春季日平均气温稳定通过10 ℃是各种喜温作物开始播种和生长的临界温度,秋季日平均气温下降到10 ℃以下时,喜温作物生长速度变缓。因此,日平均气温大于10 ℃的持续期称为喜温作物的生长期或作物活跃生长期,大于10 ℃积温可用于评价热量资源对喜温作物的满足程度。

15 ℃界限温度:日平均气温稳定通过15 ℃的初日是喜温作物开始积极生长的日期,大部分农作物进入旺盛生长期。秋季日平均气温低于15 ℃时,对贪青作物的灌浆和成熟都不利。

61

故日平均气温大于 15 ℃的持续期称为喜温作物的活跃生长期。

20 ℃界限温度：日平均气温达 20 ℃以上时，对水稻、玉米、高粱和大豆的开花、授粉及成熟才有利，20 ℃的始期是水稻分蘖迅速增长的开始日期，而 20 ℃终日与水稻的安全齐穗期有关。因此，20 ℃界限温度是喜温作物进行光合作用的适宜温度的下限。

生长期：一年中作物显著可见的生长期间，称为生长期。分为气候生长期和作物生长期。气候生长期是指某一地区一年内农作物可能生长的时期。一般春季 0 ℃开始日期到秋季 0 ℃终止日期之间日数为喜凉作物气候生长期，春季 10 ℃开始日期到秋季 10 ℃终止日期之间日数为喜温作物气候生长期；作物生长期对于一年生作物而言，是指该作物从播种到成熟的一段时期，对多年生作物而言，是指该作物从春季萌发到进入秋眠期为止的一段时期（马凤莲，2017）。

表 5.1   1970—2019 年雄安新区各地稳定通过各界限温度的初日

地名	0 ℃	5 ℃	10 ℃	15 ℃	20 ℃
容城	2 月 21 日	3 月 14 日	4 月 2 日	4 月 22 日	5 月 20 日
安新	2 月 22 日	3 月 15 日	4 月 2 日	4 月 24 日	5 月 22 日
雄县	2 月 20 日	3 月 15 日	4 月 2 日	4 月 23 日	5 月 20 日

5.1.2 界限温度初日变化特征

（1）稳定通过 0 ℃初日

近 50 a（1970—2019 年），雄安新区各地平均气温稳定通过 0 ℃的初日呈波动提前趋势，平均每 10 a 提前 2～3 d，稳定通过 0 ℃的初日最晚为 3 月 16 日（1971 年），最早为 1 月 23 日（1999 年）（图 5.1）。

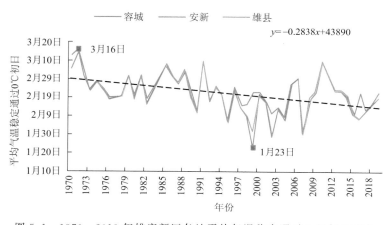

图 5.1 1970—2019 年雄安新区各地平均气温稳定通过 0 ℃初日变化

（2）稳定通过 5 ℃初日

近 50 a（1970—2019 年），雄安新区各地平均气温稳定通过 5 ℃的初日呈波动提前趋势，平均每 10 a 提前 2～3 d，稳定通过 5 ℃的初日最晚为 4 月 1 日（1978 年），最早为 2 月 25 日（2017 年）（图 5.2）。

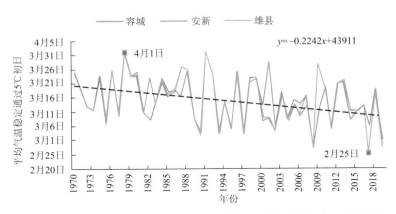

图 5.2　1970—2019 年雄安新区各地平均气温稳定通过 5 ℃初日变化

（3）稳定通过 10 ℃初日

近 50 a(1970—2019 年)，雄安新区各地平均气温稳定通过 10 ℃的初日呈波动提前趋势，但提前趋势不显著，平均每 10 a 提前 0.5～0.7 d，稳定通过 10 ℃的初日最晚为 4 月 22 日（2013 年），最早为 3 月 13 日（2007 年）（图 5.3）。

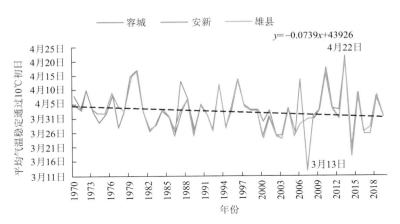

图 5.3　1970—2019 年雄安新区各地平均气温稳定通过 10 ℃初日变化

（4）稳定通过 15 ℃初日

近 50 a(1970—2019 年)，雄安新区各地平均气温稳定通过 15 ℃的初日波动幅度较大，但线性变化趋势不明显，稳定通过 15 ℃的初日最晚为 5 月 14 日（2008 年），最早为 4 月 8 日（2012 年）（图 5.4）。

（5）稳定通过 20 ℃初日

近 50 a(1970—2019 年)，雄安新区各地平均气温稳定通过 20 ℃的初日呈波动提前趋势，平均每 10 a 提前 2 d，稳定通过 20 ℃的初日最晚为 6 月 26 日（1977 年），最早为 4 月 29 日（2007 年）（图 5.5）。

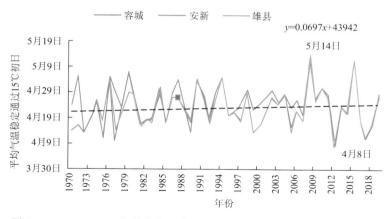

图 5.4　1970—2019 年雄安新区各地平均气温稳定通过 15 ℃初日变化

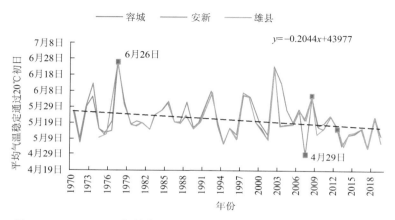

图 5.5　1970—2019 年雄安新区各地平均气温稳定通过 20 ℃初日变化

5.2　无霜期

5.2.1　基本概念

　　一年内终霜日至初霜日之间的持续日数称为无霜期。通常用地面最低温度＞0 ℃终、初日期间的天数表示。由于百叶箱气温一般比地面高出 2 ℃左右，因此也有用日最低气温＞2 ℃的持续期近似作为无霜期(马凤莲等，2017)。

　　无霜期与生长期并不是一回事。一般而言，无霜期长于喜温作物的生长期，但短于喜凉作物的生长期。一年中无霜期越长，对作物生长越有利。表 5.2 为雄安新区各地近 50 a 的初、终霜日期及无霜期的气候平均值。

表 5.2　1970—2019 年雄安新区各地累年初、终霜日期及无霜期

地名	终日	初日	无霜期
容城	4 月 12 日	10 月 21 日	192

地名	终日	初日	无霜期
安新	4 月 15 日	10 月 19 日	187
雄县	4 月 11 日	10 月 21 日	193

5.2.2 初、终霜日变化特征

（1）初霜日变化

近 50 a（1970—2019 年），雄安新区各地初霜日呈推迟趋势，平均每 10 a 推迟 2～4 d，初霜日最早为 9 月 19 日（1971 年），最晚为 11 月 26 日（2015 年）（图 5.6）。

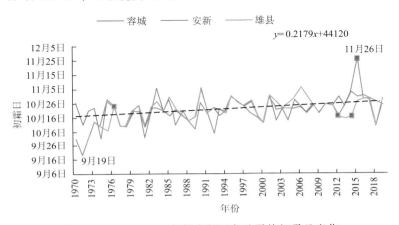

图 5.6 1970—2019 年雄安新区各地平均初霜日变化

（2）终霜日变化

近 50 a（1970—2019 年），雄安新区各地终霜日呈提前趋势，平均每 10 a 提前 3～4 d，终霜日最早为 3 月 21 日（2014 年），最晚为 5 月 6 日（1976 年）（图 5.7）。

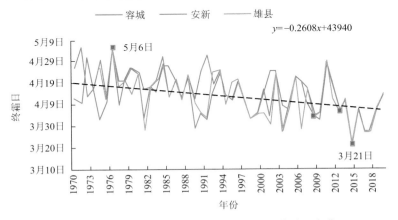

图 5.7 1970—2019 年雄安新区各地平均终霜日变化

（3）无霜期变化

近 50 a（1970—2019 年），雄安新区各地无霜期呈波动增加趋势，平均每 10 a 增加 5～7 d，无霜期最短为 137 d（1971 年），最长为 233 d（2015 年）（图 5.8）。

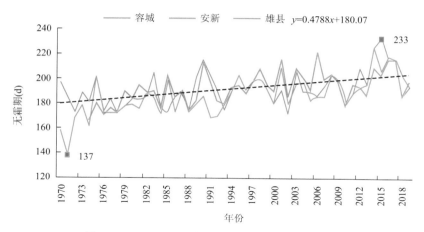

图 5.8　1970—2019年雄安新区各地无霜期变化

5.3　积温

5.3.1　积温的定义（马凤莲等,2017）

温度对作物生长发育而言有重要意义:(1)在其他条件基本满足的前提下,温度对作物生长发育起主导作用;(2)作物开始生长、发育要求一定的下限温度;(3)完成生长、发育要求一定的积温。

积温是某一时段内逐日平均温度的总和。研究温度对作物生长、发育的影响,既要考虑温度的强度,又要注意到温度的作用时间。在一定的温度范围内,当其他环境条件基本满足时,作物的发育速率主要受温度的影响。积温是衡量作物生长发育过程热量条件的一种标尺,也是表征地区热量条件的一种标尺。积温常作为气候区划和农业气候区划的热量指标,以衡量该地区的热量条件是否能够满足某种作物生长发育的需要。

作物完成其生命周期,要求一定的积温,即作物从播种到成熟,要求一定量的日平均气温的累积。积温分为活动积温、有效积温、负积温、地积温等。一般以℃·d为单位。

活动积温:生物在某段时期内活动温度的总和称为活动积温。活动温度是指高于或等于生物学下限温度(植物有效生长的下限温度)的日平均温度。活动积温一般简称为积温,如日平均气温≥0 ℃的活动积温和日平均气温≥10 ℃的活动积温等。某种作物完成某一生长发育阶段或完成全部生长发育过程,所需的积温为一相对固定值。

有效积温:生物在某一生育期或全生育期中有效温度的总和称为有效积温。有效温度是指活动温度与生物学下限温度的差值。活动温度等于生态学下限温度时,其有效温度为零。

负积温:负积温是指小于0 ℃的日平均气温的总和。负积温表示严寒程度,一般用来研究作物越冬的抗寒能力和作物(如冬小麦)经受寒冷锻炼的程度。

地积温:某一深度的土壤温度的日平均值的累加称为该土层的地积温。

积温在农业中应用较为广泛,其应用范围主要有以下几个方面:

(1)在农业气候分析与区划中,积温可作为热量资源的主要依据。根据积温的多少,确定某作物在某地种植能否正常成熟,预计能否优质、高产。还可根据积温分析为确定各地种植制度提供依据,用积温作为指标之一,划出界限,做出区划。

(2)积温可以作为作物或品种特性的重要指标之一,为引种和推广品种提供科学依据,以避免引种与推广的盲目性。

(3)积温可作为物候期、收获期、病虫害发生期等农业气象情报的重要依据。

(4)负积温可用来表示作物越冬的温度条件,也可作为低温灾害的指标之一,说明某地低温强度和持续时间的综合影响。

表 5.3 为主要农作物≥0℃的活动积温指标(北京农业大学农业气象专业,1982),表 5.4、表 5.5 分别为近 50 a 雄安新区各地各界限温度的活动积温和有效积温。

表 5.3　主要农作物≥0 ℃的活动积温指标　　　　　单位:℃·d

作物	早熟品种	中熟品种	晚熟品种
冬小麦	1700~2000	2000~2200	2200~2400
玉米	2000~2100	2500~2800	≈3000
谷子	1700~2000	2100~2500	≈2500
高粱	2100~2400	2500~2800	≈3000
大豆	2000~2200	2200~2500	2500~2800
棉花	≈4000	4000~4500	≈4500
油菜	2000~2200	2200~2400	2400~2600
水稻	2300~2400	2400~2500	2500~2800

表 5.4　1970—2019 年雄安新区各地各界限温度的活动积温　　　　　单位:℃·d

地名	≥0℃	≥5 ℃	≥10 ℃	≥15 ℃	≥20 ℃
容城	4873.9	4926.0	4649.0	4147.9	3293.2
安新	4778.6	4680.3	4428.2	3934.5	3070.3
雄县	4899.2	4862.6	4582.5	4101.7	3267.0

表 5.5　1970—2019 年雄安新区各地各界限温度的有效积温　　　　　单位:℃·d

地名	≥0℃	≥5 ℃	≥10 ℃	≥15 ℃	≥20 ℃
容城	4873.9	3525.9	2367.2	1388.2	627.6
安新	4778.6	3450.0	2303.2	1336.5	589.7
雄县	4899.2	3552.1	2393.4	1412.1	642.6

5.3.2　各界限温度有效积温变化特征

(1)≥0 ℃有效积温

1970—2019 年雄安新区≥0 ℃有效积温呈显著增加趋势,平均每 10 a 增加 54.0~82.0 ℃·d,各地线性增加趋势均通过信度水平为 0.001 的显著性检验。近 50 a,各地≥0 ℃有效积温变化范围为 4437.6~5190.0 ℃·d(图 5.9)。

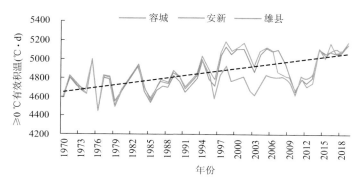

图 5.9　1970—2019 年雄安新区各地≥0 ℃有效积温变化

（2）≥5 ℃有效积温

1970—2019 年，雄安新区≥5 ℃有效积温平均每 10 a 增加 46.9～69.3 ℃·d，各地≥5 ℃有效积温线性增加趋势均通过信度水平为 0.001 的显著性检验。各地≥5 ℃有效积温变化范围为 3148.7～3817.5 ℃·d(图 5.10)。

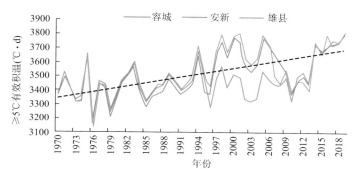

图 5.10　1970—2019 年雄安新区各地≥5 ℃有效积温变化

（3）≥10 ℃有效积温

1970—2019 年雄安新区≥10 ℃有效积温呈显著增加趋势，平均每 10 a 增加 37.4～57.5 ℃·d，各地≥10 ℃有效积温线性增加趋势均通过信度水平为 0.001 的显著性检验。近50 a，各地≥10 ℃有效积温变化范围为 2077.1～2621.5 ℃·d(图 5.11)。

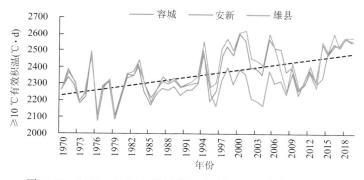

图 5.11　1970—2019 年雄安新区各地≥10 ℃有效积温变化

（4）≥15 ℃有效积温

1970—2019 年雄安新区≥15 ℃有效积温平均每 10 a 增加 32.7～50.3 ℃·d，各地

≥15 ℃有效积温线性增加趋势均通过信度水平为 0.001 的显著性检验。近 50 a,各地≥15 ℃
有效积温变化范围为 1159.0～1632.2 ℃·d(图 5.12)。

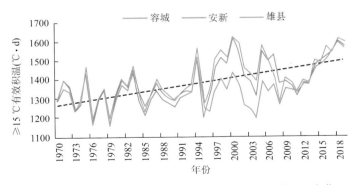

图 5.12　1970—2019 年雄安新区各地≥15 ℃有效积温变化

(5)≥20 ℃有效积温

1970—2019 年雄安新区≥20 ℃有效积温平均每 10 a 增加 26.9～39.0 ℃·d,各地
≥20 ℃有效积温线性增加趋势均通过信度水平为 0.001 的显著性检验。近 50 a,各地≥20 ℃
有效积温变化范围为 433.6～828.6 ℃·d(图 5.13)。

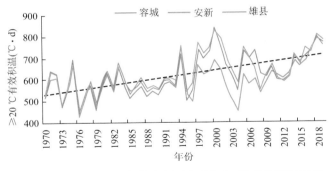

图 5.13　1970—2019 年雄安新区各地≥20 ℃有效积温变化

各界限温度的有效积温明显增加起始于 1990 年代初,即近 30 a(1990—2019 年)雄安新
区各界限温度的有效积温明显多于前 20 a(1970—1989 年),两个阶段各界限温度的有效积温
差值为 87.7～187.2 ℃·d(图 5.14)。

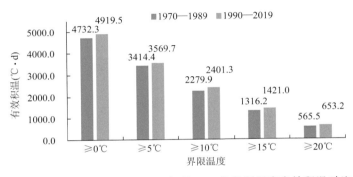

图 5.14　雄安新区各地近 30 a 与前 20 a 各界限温度有效积温对比

5.4　冬小麦生育期气象条件

雄安新区区域冬小麦播种期为10月上旬初,11月中旬为分蘖期,12月上旬—翌年2月上中旬为越冬期,3月上旬开始进入返青期,返青期历时45 d左右,4月中旬初进入拔节期,历时20 d左右,4月下旬末进入抽穗期,抽穗期历时10 d左右。冬小麦抽穗后一般3~5 d开花、授粉,全穗开花时间约持续3~5 d,全田开花时间则为7~8 d,5月上旬末进入灌浆期,冬小麦灌浆持续时间约30 d,6月上旬冬小麦成熟。

本节基于1970—2019年冬小麦生育期(10月1日—翌年6月10日)内的逐年气温、降水量、日照等要素变化,分析近50 a冬小麦全生育期气象条件特征。

5.4.1　气温

1970—2019年,雄安新区各地冬小麦全生育期历年平均气温为7.1~7.4 ℃。近50 a,冬小麦全生育期内平均气温变幅较大,平均气温最高为9.2 ℃(2001年,雄县),最低为5.5 ℃(2009年,安新)。整体上看,冬小麦全生育期内平均气温呈波动升高趋势,平均每10 a升高0.2~0.3 ℃,各地冬小麦全生育期内平均气温的线性升高趋势均通过信度水平为0.01的显著性检验,2019年各地冬小麦全生育期平均气温为8.4~8.5 ℃(图5.15)。

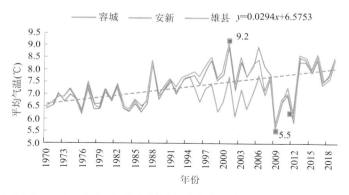

图5.15　1970—2019年雄安新区各地冬小麦全生育期平均气温变化

雄安新区各地冬小麦生育期平均气温升高起于1980年代末期,容城2000年代最高,较1970年代高1.2 ℃,近10 a各地冬小麦生育期平均气温为7.6~7.8 ℃,较1970年代高0.9~1.0 ℃(表5.6)

表5.6　雄安新区各地不同年代冬小麦全生育期平均气温(℃)

时段	容城	安新	雄县
1970年代	6.7	6.8	6.8
1980年代	6.8	7.0	6.9
1990年代	7.6	7.2	7.8
2000年代	7.9	6.9	7.8
2010年代	7.6	7.8	7.7

5.4.2 降水量

1970—2019 年,雄安新区各地冬小麦全生育期历年平均降水量为 119.5～124.5 mm。近 50 a,冬小麦全生育期内降水量变幅大,降水量最多时为 245.8 mm(1990 年,雄县),降水量最少时为 25.5 mm(1995 年,容城)。各地冬小麦生育期降水量均呈不显著增多趋势,平均每 10 a 增多 2.6～6.9 mm(图 5.16)。

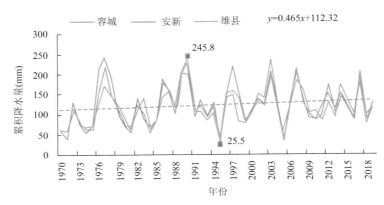

图 5.16 1970—2019 年雄安新区各地冬小麦全生育期降水量变化

雄安新区各地冬小麦生育期降水量在不同年代差异不明显,但以 2000 年代降水量最多,为 131.1～135.6 mm,较 1970 年代多 11％～25％(表 5.7)。

表 5.7 雄安新区各地不同年代冬小麦全生育期降水量(mm)

时段	容城	安新	雄县
1970 年代	118.5	108.4	118.6
1980 年代	117.9	112.8	120.8
1990 年代	129.2	113.4	126.4
2000 年代	131.1	135.6	133.8
2010 年代	127.8	130.1	121.9

5.4.3 日照

1970—2019 年,雄安新区各地冬小麦全生育期历年平均日照时数为 1578.2～1644.7 h。近 50 a,冬小麦全生育期内日照时数变幅较大,日照时数最多时为 1909.3 h(1976 年,安新),日照时数最少时为 1205.1 h(2012 年,安新)。各地冬小麦生育期日照时数均呈显著减少趋势,其减少趋势均通过信度水平为 0.01 的显著性检验,平均每 10 a 减少 49.7～76.6 h(图 5.17)。

从 1970 年代到 2010 年代,雄安新区各地冬小麦生育期日照时数逐年代递减现象明显,2010 年代日照时数最少,为 1490.8～1611.8 h,较 1970 年代少 8.6％～17.9％(表 5.8)。

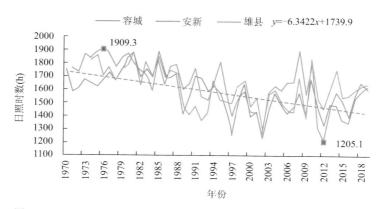

图 5.17　1970—2019 年雄安新区各地冬小麦全生育期日照时数变化

表 5.8　雄安新区各地不同年代冬小麦全生育期日照时数（h）

时段	容城	安新	雄县
1970 年代	1669.8	1833.0	1763.5
1980 年代	1726.7	1735.8	1729.7
1990 年代	1558.8	1598.5	1513.6
2000 年代	1445.1	1569.9	1490.1
2010 年代	1490.8	1505.3	1611.8

综上分析，近 50 a 冬小麦生育期气象条件特征整体表现为：气温显著升高、降水略增多、日照时数显著减少。

冬小麦全生育期的不同生育阶段都有不同的气象条件要求，气象条件适宜则有利于冬小麦的生长发育，若气象条件不适宜则不利于冬小麦的生长发育，甚至直接影响冬小麦产量。冬小麦不同发育期所需主要气象条件为（马凤莲等，2017）：

播种—出苗期：从播种到出苗约需≥0 ℃的积温为 110～120 ℃·d。最适宜的土壤相对湿度为 60%～80%。若 7—8 月降水量达到 300～500 mm，或当 8 月降水量大于 250 mm 时，9 月上中旬降水量达 200 mm 左右，即可形成良好的底墒。

三叶—分蘖期，日平均气温 6～13 ℃分蘖平稳，最适宜的土壤相对湿度为 70%～80%；充足的光照，以形成足够的光合产物满足分蘖生长。日平均气温为 <6 ℃时，分蘖缓慢；日平均气温 <3 ℃时，一般不会发生分蘖；日平均气温为 13～18 ℃时，分蘖最快，但易出现徒长。日平均气温 >18 ℃时，分蘖生长减慢，分蘖受到抑制。若冬前积温 <400 ℃·d，多形成弱苗。冬前积温 >750 ℃·d，会出现旺苗，致使麦苗抗寒能力下降；光照强度减弱时，冬小麦单株分蘖数、次生根数和分蘖干重都显著降低。

越冬期：冬季日平均气温≤0 ℃的积温在−400 ℃·d 以内，冬小麦可以安全越冬；冬小麦越冬期的剧烈强降温和冬末春初的强烈融冻，易造成冻害；耕作层土壤相对湿度降到 60% 以下时，不利于安全越冬。

返青期：日平均气温 4～6 ℃为返青适宜温度。此时幼穗处于小穗分化期，小穗分化期适宜日平均气温为 6～8 ℃，日平均气温 <10 ℃，会延长穗分化时间，有利于长大穗；光照充足，光照强度强，有利于冬小麦恢复生长和小穗形成；若早春气温偏低可导致冬小麦穗分化速度减

慢;冬小麦返青后若春季降水少,易出现麦田干旱,当土壤相对湿度<55%时,将影响单株有效穗数和穗部性状发育。

拔节—孕穗期:日平均气温稳定在 12～16 ℃,对形成短、粗、壮的茎秆最为有利。孕穗期适宜的温度为日平均气温 15～17 ℃;小麦拔节到孕穗期需水量占全生育期需水量的 1/3～1/4;充足的光照可使穗部正常发育,小花数增多,提高小花成花百分率;若日平均气温在 20 ℃以上,节间伸长快,但易发生徒长。

抽穗—开花期:冬小麦抽穗适宜的日平均气温为 13～20 ℃,开花适宜的日平均气温为 18～24 ℃;平均每日日照时数达 7 h 以上,利于提高结实率;若日最高气温>35 ℃,土壤水分供应不足,会引起花期生理性干旱,降低结实率。

灌浆—成熟期:灌浆初期最适宜的温度条件为日平均气温 18～22 ℃,乳熟到腊熟适宜的日平均气温为 20～22 ℃;灌浆阶段需水量为 120 mm。

5.5　夏玉米生育期气象条件

雄安新区区域夏玉米一般在 6 下旬播种,播种到出苗一般 5～6 d。玉米从出苗到拔节前期为苗期,一般在 6 月下旬末—7 月中旬。出苗 4 d 左右进入三叶期,三叶期到七叶期大约 14 d,七叶期到拔节期大约 14 d。夏玉米拔节孕穗期一般在 7 月下旬—8 月上旬,拔节到孕穗大约 9 d,孕穗到抽雄约 4 d。夏玉米抽雄时间一般在 8 月中旬,历时 5～7 d。抽雄 3 d 后即散粉进入开花期,开花 2 d 后开始吐丝。灌浆成熟期一般在 8 月中下旬—9 月下旬,历时 50 d左右。

本节以 1970—2019 年夏玉米全生育期(6 月 20 日—9 月 30 日)内的逐年气温、降水量、日照等要素变化,分析近 50 a 夏玉米全生育期气象条件特征。

5.5.1　气温

1970—2019 年,雄安新区各地夏玉米生育期平均气温为 24.2～24.5 ℃。近 50 a,夏玉米全生育期内平均气温变幅较小,平均气温最高为 26.2 ℃(2000 年,容城),最低为 22.8 ℃(1976 年,雄县)。夏玉米生育期内平均气温呈升高趋势,线性升高趋势均通过信度水平为 0.01 的显著性检验,平均每 10 a 升高 0.2～0.3 ℃,2019 年各地夏玉米全生育期平均气温为 25.5～25.7 ℃(图 5.18)。

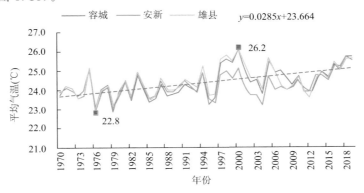

图 5.18　1970—2019 年雄安新区各地夏玉米生育期平均气温变化

雄安新区各地夏玉米生育期平均气温明显升高起于 1990 年代初期,2010 年代达到最高,为 24.8～24.9 ℃,较 1970 年代高 0.9～1.0 ℃(表 5.9)。

表 5.9 雄安新区各地不同年代夏玉米生育期平均气温(℃)

时段	容城	安新	雄县
1970 年代	23.9	23.9	23.8
1980 年代	24.0	24.1	24.1
1990 年代	24.5	24.3	24.7
2000 年代	24.8	24.1	24.8
2010 年代	24.9	24.8	24.8

5.5.2 降水量

1970—2019 年,雄安新区各地夏玉米生育期历年平均降水量为 358.2～361.8 mm。近 50 a,夏玉米生育期内降水量变幅非常大,降水量最多时为 811.8 mm(1994 年,雄县),降水量最少时为 127.0 mm(2014 年,安新)。各地夏玉米生育期降水量均呈不显著减少趋势,平均每 10 a 减少 14.0～14.7 mm(图 5.19)。

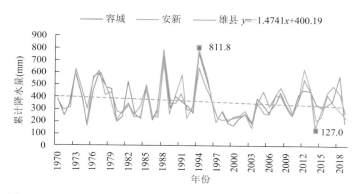

图 5.19 1970—2019 年雄安新区各地夏玉米全生育期降水量变化

自 1970 年代到 2010 年代,雄安新区各地夏玉米生育期降水量呈现"多—少—多—少—多"的年代际变化特征,但以 1970 年代降水量最多,为 411.1～438.9 mm,2000 年代降水量最少,为 291.8～318.4 mm,较 1970 年代少 26%～31%(表 5.10)。

表 5.10 雄安新区各地不同年代夏玉米全生育期降水量(mm)

时段	容城	安新	雄县
1970 年代	411.1	438.9	430.8
1980 年代	338.3	344.3	329.6
1990 年代	381.8	357.2	405.2
2000 年代	291.8	301.4	318.4
2010 年代	367.9	367.3	342.7

5.5.3　日照

1970—2019 年,雄安新区各地夏玉米生育期日照时数差异较大,历年平均日照时数为 645.5～708.6 h。近 50 a,夏玉米生育期内日照时数变幅较大,日照时数最多时为 906.8 h(1987 年,雄县),日照时数最少时为 473.6 h(1996 年,容城)。各地夏玉米生育期日照时数均呈显著减少趋势,其减少趋势均通过信度水平为 0.01 的显著性检验,平均每 10 a 减少 22.9～32.4 h(图 5.20)。

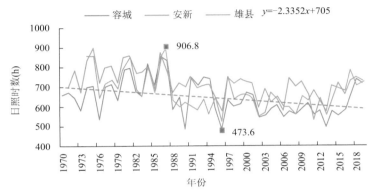

图 5.20　1970—2019 年雄安新区各地夏玉米全生育期日照时数变化

1980 年代雄安新区各地夏玉米生育期日照时数最多,为 735.6～780.4 h,自 1990 年代中期开始日照时数明显减少,2000 年代日照时数最少,为 592.0～652.1 h,较 1980 年代少 14%～20%(表 5.11)。

表 5.11　雄安新区各地不同年代夏玉米全生育期日照时数(h)

时段	容城	安新	雄县
1970 年代	656.3	771.0	750.4
1980 年代	735.6	780.4	747.0
1990 年代	634.5	681.3	645.2
2000 年代	592.0	652.1	641.1
2010 年代	608.9	664.6	682.1

综上分析,近 50 a 夏玉米生育期气象条件特征整体表现为:气温显著升高、降水略减少、日照时数显著减少。

夏玉米全生育期的不同生育阶段都有不同的气象条件要求,夏玉米不同发育期所需主要气象条件为(马凤莲等,2017):

播种—出苗期:夏玉米播种时温度条件均能保证,水分条件则是制约玉米全苗的主要因素。土壤相对湿度为 70%～85% 时,有利于玉米种子发芽、出苗。

苗期:苗期最适宜的温度为日平均气温 18～20 ℃,根系生长的适宜土壤温度为 5 cm 地温 20～25 ℃,日最高气温＞40 ℃时,茎叶生长会受抑制。适宜的土壤相对湿度为 60%～70%,蹲苗时为 55%～60%。

拔节—孕穗期:最适宜的温度为日平均气温 24～26 ℃,每天日照时数为 7～10 h。拔节后,候降水量>30 mm,候平均气温为25~27 ℃最适宜植株生长。当日平均气温>32 ℃或<24 ℃时,植株生长速度减慢。

抽雄—开花期:最适宜的温度为日平均气温25~26 ℃;适宜的土壤相对湿度为70%~80%;适宜的空气相对湿度为70%~90%;8~12 h的光照条件有利于提早抽雄开花。

灌浆—成熟期:最适宜的温度为日平均气温22~24 ℃;适宜的土壤相对湿度为70%~80%;最适宜的光照条件是每日7~10 h。日平均气温>25 ℃,则玉米呼吸消耗增强,功能叶片老化加快,导致籽粒灌浆不足。最低气温达到3 ℃时,即完全停止生长发育,影响玉米的成熟和产量。

5.6 本章小结

(1)雄安新区各地稳定通过0~20 ℃的多年平均日期分别为:0 ℃:2月20—22日;5 ℃:3月14—15日;10 ℃:4月2日;15 ℃:4月22—24日;20 ℃:5月20—22日。近50 a(1970—2019年),雄安新区各地平均气温稳定通过0 ℃、5 ℃、20 ℃的初日呈波动提前趋势,平均每10 a提前2~3 d;稳定通过10 ℃的初日平均每10 a提前0.5~0.7 d,稳定通过15 ℃的初日波动幅度较大,但线性变化趋势不明显。

(2)雄安新区各地多年平均终霜日期为4月11—15日,初霜日期为10月19—21日,无霜期为187~193 d。近50 a(1970—2019年),雄安新区各地初霜日呈波动推迟趋势,平均每10 a推迟2~4 d,终霜日则呈波动提前趋势,平均每10 a提前3~4 d,无霜期平均每10 a增加5~7 d。

(3)1970—2019年,0~20 ℃各界限温度的有效积温均呈显著增加趋势,各界限温度的有效积温明显增加起始于1990年代初,即近30 a(1990—2019年)雄安新区各界限温度的有效积温明显多于前20 a(1970—1989年),两个阶段各界限温度的有效积温差值为87.7~187.2 ℃•d。

(4)1970—2019年,雄安新区各地冬小麦全生育期历年平均气温为7.1~7.4 ℃,降水量为119.5~124.5 mm,日照时数为1578.2~1644.7 h。近50 a,冬小麦全生育期内平均气温呈显著升高趋势,平均每10 a升高0.2~0.3 ℃,降水量呈不显著增多趋势,平均每10 a增多2.6~6.9 mm,日照时数呈显著减少趋势,平均每10 a减少49.7~76.6 h。

(5)1970—2019年,雄安新区各地夏玉米生育期历年平均气温为24.2~24.5 ℃,降水量为358.2~361.8 mm,日照时数为645.5~708.6 h。近50 a,夏玉米生育期内平均气温逐年呈显著升高趋势,平均每10 a升高0.2~0.3 ℃,降水量呈不显著减少趋势,平均每10 a减少14.0~14.7 mm,日照时数则呈显著减少趋势,平均每10 a减少22.9~32.4 h。

第6章 雄安新区主要气象灾害

气象灾害是指大气对人类的生命财产和国民经济建设及国防建设等造成的直接或间接的损害,它是自然灾害中的原生灾害之一,是自然灾害中最为频繁而又严重的灾害。雄安新区气象灾害主要有洪涝、干旱、冰雹、大风等。本章相关记录来自河北省气象信息中心的信息化资料、《中国气象灾害大典·河北卷》、气象灾害普查数据库、地方志、气候影响评价,以及民政和农业部门灾情报告。

6.1 洪涝灾害

洪灾是指由强降水形成的洪水径流冲毁设施、淹没农田,造成损失;涝灾是指强降水过后农田产生积水,无法及时排出,造成作物受淹,当持续时间超过作物的耐淹能力后所形成的危害。暴雨是导致区域洪水最直接的致灾因素,因地理、地形和水文因素及土壤和田间排水状况,可影响洪涝灾害的发生程度。

暴雨,是指日降水量达到或超过 50 mm 的降雨,根据雨量的大小又分为暴雨、大暴雨和特大暴雨三级(GB/T 28592—2012《降水量等级》)。

暴雨:50~99.9 mm/d;

大暴雨:100~249.9 mm/d;

特大暴雨:≥250.0 mm/d。

近 50 a(1970—2019 年),雄安新区各地平均暴雨日数为 1.5 d/a,1988 年安新暴雨日数达 6 d,雄安新区区域内 3 个气象观测站自建站以来的暴雨日数统计得出,≥50 mm 的暴雨日数为 132 站次,1991 年 7 月 28 日雄县降水量为 263.4mm,为雄安新区区域内有气象资料以来出现的最大日降水量,2016 年 7 月 20 日全区范围普降大暴雨,安新、容城、雄县降水量分别为 214.0 mm、205.3 mm、178.6 mm。

近百年来,雄安新区曾出现多次较重的暴雨洪涝灾害,并造成不同程度的经济损失。以下是相关文献、灾情信息记载情况:

1912 年,容城大水,黑龙口等三十余村田禾均被冲淹。

1915 年,安新县属之南冯村、北冯村、同口村、韩村、南曲堤、北曲堤、东向阳、西向阳、西垒头、南祭头、北祭头、小寨村、大寨村、独连村、石塚村、七级村、九级村、马家庄、建昌村、辛立村、李家庄、坨上村、席家庄、张家村、东街关、南街、西街、北街、桥南、桥北、白家庄、何家庄、北杨庄、北马庄、陈家庄、孟家庄、张家庄、北王庄、寨里村、西马村、徐水县之迪城村所处东北两淀共积涝地 32879 亩,悉被水淹,成灾十分。六、七月间阴雨连绵、河水涨溢,加以天时不齐,虫蚀旱雹选为灾害,安新积涝成灾,淀地、大洼地亩被淹,秋禾被灾。

1924 年 8 月 1 日,安新县 120 个村庄被水围困,水深几尺*。8 月 6 日,西淀水位上涨,超过 1917 年最高水位。安新县所有村庄变成洪水中心小岛群,庄稼没顶 8～10 尺,居民纷纷离家弃屋,或乘船逃命,或爬上屋顶。

1925 年 8 月 1 日,安新八月一日夜大雨如注,水又增涨,加以狂风恶浪,杨寄庄毗连之东向阳村南堤漫决五六里**,南曲北曲毗连之韩村、任丘县关城村业堤漫决七八里,经过之处田庐淹没。

1939 年,安新县因蠡县万安堤掘开,水入县境,加以漕河、暴河水涨,全县被淹,灾情奇重。被灾村数 117 个,淹地 210000 亩,灾民 45700 人,倒房 17500 间,被灾 10 成;容城被灾村数 99 个,淹地 175000 亩,灾民 14700 人,倒房 584 间,被灾 7 成;雄县被灾村数 180 个,淹地 465000 亩,灾民 54700 人,倒房 9800 间,被灾 10 成。1939 年,7 月 12 日晚 10:30,雄县大清河临近城关各险堤,于淫雨连绵、河水暴涨、抢获力竭之际,南岸一铺村附近,北岸二铺村附近均漫溢决口各一道,宽度均在三四丈,涉及雄县第一、二、四、五等区,均被水淹,一片汪洋,尽成泽国,灾情之重,为近代所未有。

1946 年,安新掘堤,大清河雄县李家营决口,县城以东各村被淹,灾民人数 40000;容城县大清河决口,县城以东多被淹没。由于河水涨发,南运河沧县大官庄、静海县马圈村、北运河武清县等筐儿港、永定河武清县周大营、大清河新城县高桥村、良乡县石辛庄、清苑县仙人桥、静海县独流镇、子牙河献县侧家桥、琉璃河琉璃河镇等十九处堤决,致沧县、青县、静海、清苑、文安、新镇、霸县、雄县、安次、固安、永清、新城等二十余县大部分地方横被灾浸,庐舍倒塌,田禾淹没,灾民灾难深重。

1988 年 8 月 5—6 日,连续的暴雨使白洋淀内最高水位达 10.5 m,超过了警戒水位,水面达 265.7 km^2。致使农作物受灾 12340 hm^2,苇田 3402 hm^2 被淹,倒房 943 间,危房 5239 间,养鱼池、公路被冲毁。安新县 36 村 24000 户 89000 人被水围困,经济损失 5000 万元。

1991 年 7 月 27 日,安新、雄县普降大暴雨,雄县降特大暴雨,7 个乡镇 2 万 hm^2 作物受灾,5 万 kg 粮食被水浸泡。7 月 28—29 日,为雄县有记录来绝无仅有,坑塘沟渠漫溢,雄州大地一片汪洋。农田积水面积 30 万亩,受灾面积 16.5 万亩,成灾面积 10.5 万亩,倒塌房屋 225 间,围墙 2700 m,受损较重 81 间。

2011 年 7 月 24—30 日,安新县因暴雨农作物受灾面积 2723 hm^2,成灾面积 1844 hm^2,农作物绝收面积 926 hm^2,经济作物损失面积 2069 hm^2,受灾人口 48850,经济损失 2069 万元。

2011 年 9 月 1 日,雄县 980 hm^2 果树、玉米受灾,成灾面积 170 hm^2,受灾人口 52000 余人,直接经济损失 280 万元。

2016 年 7 月 18 日,容城县农作物受灾面积 11636.7 hm^2,受灾人口 15 万余人,紧急转移安置人口 4 人,直接经济损失 4434.9 万元;雄县农作物受灾面积 9772 hm^2,受灾人口万余人,紧急转移安置人口 85 人,倒塌房屋数 32,损坏房屋数 122,直接经济损失 1060.26 万元。

洪涝灾害的防御措施

做好必要的物资储备,如水、食物、手电筒等以防断电断水;地势低洼的居民住宅区,可因地制宜采取"小包围"措施,如砌围墙、大门口放置挡水板、配置小型抽水泵等。

及时疏通下水道,防止堵塞,造成暴雨时积水成灾。底层居民家中的电器插座、开关等应

---

* 1 尺＝33.33 cm; ** 1 里＝500 m。

移装在离地 1 m 以上的安全地方,一旦室外积水漫进屋内,应及时切断电源,防止触电伤人。

减少外出,必须出行时在积水中行走要注意观察,防止跌入窨井或坑、洞中,不要走过桥下、涵洞等低洼积水处。居住在病险水库下游、山体易滑坡地带、低洼地带、存在结构安全隐患的房屋等危险区域人群应转移到安全区域。

被洪水浸泡过的房屋不要马上入住,应进行安全检查后才可入住;暴雨洪涝严重影响时期,室外生产停止,中小学、幼儿园停止上课,露天集体活动暂停,并做好人员疏散工作。

在沟谷内游玩时遇暴雨不要向低洼的山谷和险峻的山坡下躲避,发现泥石流、山洪来时,不要顺着山沟往下跑,要向垂直方向的两面山坡爬,离开沟道、河谷地带;已经撤离到安全区域后,在暴雨停止后不要急于返回沟内收拾物品。

6.2　干旱灾害

干旱是一种相对的概念。干旱主要是相对于植物、特别是对农业植物而言。若久晴不雨,植物体内水分大量亏缺,导致植物生长发育不良,农作物大幅度减产,这就是干旱灾害。干旱可分为相互联系的土壤干旱和大气干旱两个方面。

土壤干旱是土壤水分不能满足植物需要的一种干旱现象。久晴不雨,长期大气干旱,是土壤干旱的主要原因。土壤蓄水性能差,滥伐林木而破坏生态平衡,地下水位太低,耕作措施不当等,都会加剧土壤干旱。

大气干旱是指大气温度高,相对湿度低,久晴不雨。此时,土壤中不一定缺乏水分。但是长期的大气干旱会引起土壤干旱。

基于国家标准《气象干旱等级》(GB/T 20481—2006),计算得出雄安新区近 50 a(1970—2019 年)平均干旱日数(轻旱以上)为 57.3 d;最长连续干旱(中旱以上)日数为 31.6 d。干旱日数最多年份为 1975 年,达 190 d,1999 年和 2006 年分别达 160 d 和 170 d,有 10 a 干旱日数超过 100 d。1970—2019 年雄安新区平均年干旱日数总体呈减少趋势,线性减少趋势为每10 a 减少 5.8 d,特别是 2007 年以来雄安新区的干旱化趋势明显减弱。

据不完全干旱灾情统计,近 70 a 来,雄安新区干旱灾害时有发生,并造成不同程度的经济损失。以下是相关文献、灾情信息记载情况:

1947 年,容城县不完全统计 24 村 15000 余人 370 余顷*土地受灾,全县种麦 99 顷,可能收获三成者 1/10。

1985,安新县农田受灾面积 10.3 万亩,成灾 8.4 万亩。

1986 年 6—11 月,安新县因干旱 17.7 万亩农田受灾。

1987 年 6—8 月,容城因干旱损失 34 万亩秋作物,地下水下降 1.5 m。

1992 年,雄县全县遭受大风、干旱灾害,受灾面积 15 万亩,成灾 9 万亩,绝收 4 万亩。

1999 年 1—6 月,雄县旱情十分严重,因干旱受灾农作物面积 25.4 万亩,成灾面积 15 万亩,绝收面积 10.8 万亩,农业损失 6270 万元。

2000 年,入春几个月来没有出现一次有效降雨过程,地下水位急剧下降,多数浅水井已不能发挥其作用,土壤失墒进一步加剧,旱情严重。据统计:全县小麦受灾面积 26.58 万亩,成灾

---

　　*　1 顷＝100 亩≈6.6667 hm^2。

面积13万亩,绝收面积0.5万亩,粮食减产664.5万kg;春播和夏播的白地及播种未出苗的有36万亩,严重受旱7万亩;夏荒期间有0.5万户、1.4万人受灾,缺粮105万kg。

2003年,雄县由于近几年来连续干旱,地下水位下降,绝大部分机井,不能正常发挥作用,水浇地面积逐年减少,致使农作物大面积因干旱灾害而减产,导致部分群众因灾返贫。据调查统计全县受灾面积350125亩,成灾面积227685亩,占全县总面积的48%。全县受灾人口267894人,成灾人口181968人,占总人口的55%。因灾返贫10192人,农业经济损失达8000多万元。因四年连续干旱,造成夏荒缺粮人口6.3万人,缺粮324万kg,当年农业经济损失1.2亿元。

2014年5—8月,雄县因干旱造成农作物受灾面积达5485 hm²,成灾面积2723 hm²,受灾农作物主要是玉米绝收面积280 hm²,约造成直接经济损失695万元。

干旱灾害的防御措施

节约用水,保护环境,减少水源污染;兴修水利,保持水土;农业生产上采用滴灌等节水灌溉措施,减少漫灌;地面覆盖,用薄膜、稻草等覆盖地面,减少土壤水分蒸发;开展人工增雨作业,合理开发利用空中水资源。

农业对干旱最为敏感,受干旱影响也最为直接。合理安排农、牧产业结构,可以利用有限的资源,实现经济效益和生态效益双丰收。应合理选用作物品种,调整作物种植结构,以趋利避害。

提高水资源利用率。合理灌溉,科学用水,实施集水节灌农业。

改善干旱地区生态环境,因地制宜开展退耕还林还草与还湖工作,以遏制生态环境恶化,减轻干旱危害。

6.3 冰雹灾害

冰雹是以雹胚为核心在冰雹云中碰撞大量过冷却水而形成的,是雄安新区主要灾害性天气之一。冰雹灾害的强度与雹块大小、雹粒的多少、降雹时间长短、降雹范围及所伴随的风力和雨量有关。通常直径小的冰雹在数量多或持续时间长的情况下才会致灾。直径大的冰雹会造成灾害,直径大于6 cm的特大冰雹一般会造成严重灾害。冰雹的密度大,也是冰雹致灾的重要原因。

1970—2019年,雄安新区各地多年平均冰雹日数为:容城0.5 d,安新0.6 d,雄县0.7 d,1991年安新出现4 d冰雹天气。雄安新区各地冰雹天气主要出现在4—10月,以5—7月出现冰雹站次最多。

在地方志及民政部分的灾情信息统计中,关于冰雹灾害的记录较多,且冰雹灾害造成的破坏性很大,每年都有因遭受冰雹袭击造成农作物不同程度的减产,甚至绝收。

1984年7月11日,安新县因冰雹致使1695亩苇田、463亩农田受实灾,损失35万元。

1985年5月31日,容城县降密集型冰雹,最大冰雹直径27 mm,灾情严重。雄县南十里铺受灾面积1.5万亩,砸毁小麦2000余亩,砸折芦苇1600亩,瓜果蔬菜受灾尤为严重。

1987年5月30日,安新县因冰雹灾害影响农作物面积15万hm²。8月18日,雄县雹灾影响6.9万亩。

1997年8月31日,安新县因冰雹和暴雨的袭击,农作物受灾面积1万hm²,成灾面积

4067 hm²,其中绝收 1000 hm²;林果受灾 533hm²,直接经济损失 800 万元。

1998 年 6 月 21 日,雄县因冰雹灾害农田果树受灾面积 5 万亩,毁坏房屋 40 间,电力、通信线路 8200 m,砸伤 2 人。6 月 29 日,雄县因冰雹受灾 4.7 万亩,重灾 3 万亩,绝收 1.7 万亩。

2001 年 5 月 3 日,雄县因冰雹灾害造成大部分瓜果菜绝收、减产,据调查,受灾面积有 43000 亩,其中果树 5500 亩,绝收面积 4000 亩,减产 5 成的 1520 亩;瓜菜类减产 5 成的有 6480 亩,小麦、杂粮 31000 亩,农业直接经济损失 1060 万元。7 月 13 日,雄县遭受了近几年来罕见的雹灾,受灾村数涉及 51 个,受灾面积达 5.5 万亩,成灾面积 4 万亩,重灾面积 2.5 万亩。其中受灾的瓜菜类作物面积占重灾面积的三分之一,经济损失达 1490 万元。8 月 25 日,雄县再次遭受冰雹袭击,致使粮食作物倒折严重,受灾面积 2.6 万亩,重灾 1.1 万亩,轻灾 1.5 万亩,经济作物 500 亩,直接经济损失 314.8 万元。

2002 年 6 月 29 日,雄县老岗、乐善庄、大魏庄、东岔河、中岔河、西岔河、宫岗、刘庄等村普降冰雹,对农业生产造成严重损失,八村受灾面积 6800 亩,其中甘薯 3100 亩,减产 8 成;果园 180 亩,减产 6～7 成;玉米 2500 亩,绝收 1000 亩,减产 6～7 成的 1500 亩;棉花 120 亩,绝收;豆类 540 亩,绝收,芝麻 380 亩,绝收,预计造成经济损失 364 万元。7 月 17 日,雄县遭受冰雹袭击,农作物受灾面积约 15000 亩,成灾面积 7000 亩,其中绝收面积 4000 亩,主要包括苹果、桃、梨、李子、瓜、菜等经济作物。玉米杂粮 3000 亩减产 4～6 成,经济损失约 690 万元,受灾人口约 12000 人,没有人员伤亡。8 月 28—29 日,安新县端村镇全镇 34000 余亩耕地遭受冰雹灾害,90% 农作物绝收,雄县受灾面积达 33 万亩,成灾面积 22 万亩,绝收 11 万亩。其中玉米、高粱等高秆作物 11 万亩绝收,2.1 万亩减产 50% 以上;3.5 万亩果树减产 60% 以上;4 万亩瓜菜减产 40% 以上;其他农作物受灾面积为 1.4 万亩。总计经济损失达 1.46 亿元。

2003 年 7 月 4 日,雄县因冰雹受灾较严重的有 15 个村。此次风雹灾害密度大、风力强、融化慢、气温低、持续时间长、危害重。农作物受灾面积 57700 亩,成灾面积 31240 亩。其中大田作物成灾 27880 亩,减产 3～5 成的 24340 亩,绝收面积 3540 亩;瓜果类减产 5 成的 2000 亩。全县直接经济损失 727 万元。

2004 年 6 月 24 日,安新县因冰雹灾害损失 6000 万元。

2009 年 4 月 14 日,雄县大营镇、昝岗镇、龙湾镇遭受风雹灾害,受灾面积 125 hm²,成灾面积 48 hm²,经济损失 86 万元,主要农作物果树。

2013 年 6 月 25—26 日,雄县境内 9 个乡镇局部有冰雹出现,降雹时间持续 3～5 min,最大冰雹直径约 10 mm,雹粒稀疏,地面未见累积。此次冰雹天气过程对春播作物、果树和实施蔬菜有一定影响。

2015 年 8 月 18 日,安新县因冰雹受灾人口 5.5185 万人,受灾面积 4507.4 hm²,成灾面积 2647 hm²,绝收面积 892.5 hm²,直接经济损失 2874 万元,农业经济损失 1180 万元。

2017 年 5 月 50 日,雄县因冰雹农作物受灾面积 1395.9 hm²,成灾面积 744.6 hm²,农业经济损失 433.95 万元。

冰雹灾害防御措施

得知有关冰雹的天气预报时,应将牲畜及室外物品都转移到安全地带;降雹时不要外出,必须要出门时,应注意保护头、面部;若冰雹袭来时你正在室外,应马上寻找较坚固的建筑物躲避;若正在驾驶汽车或在车内,应立即将车停在可以躲避的地方,切不可贸然前行以免遭到不必要的伤害;冰雹常伴有狂风暴雨,需特别注意预防及躲避。

农业防雹措施:在多雹地带,种植牧草和树木,增加森林面积,改善地貌环境,破坏形成雹云的条件,达到减少雹灾的目的;增种抗雹和恢复能力强的农作物;成熟的作物及时抢收;多雹地区降雹季节,农民下地随身携带防雹工具,如竹篮、柳条筐等,以减少人员伤亡。

人工防雹:开展人工防雹,是使雹云向人们期望的方向发展,达到减轻灾害的目的。人工防雹主要措施有:用火箭、高炮或飞机把碘化银等催化剂送到云里去,让这些物质在雹云里起雹胚作用,使雹胚增多,争食过冷水,从而使冰雹变小;在地面上向雹云发射火箭弹、炮弹,或在飞机上对雹云投放或发射炮弹,播撒人工冰核从而破坏对云的水分输送;向暖云部分播撒凝结核,使云形成降水,以减少云中的水分;在冷云部分播撒冰核,以抑制雹胚增长。

6.4 大风灾害

风速为 17.2～20.7 m/s 的风称为大风。大风对农业危害很大,在北方,大风可加剧农作物的旱害和冷(冻)害,同时可造成林木和作物倒伏、断枝、落叶、落花、落果和矮化等,从而影响其生长发育和产量形成。不同的作物(林木)或同一作物(林木)不同的发育期抗风能力是不同的,如处于苗期的玉米抗风能力强,即使植株被风吹倒,一般也能恢复直立生长,但处于灌浆中后期的玉米,15 m/s 以上的大风可使植株折倒,产量可减少 50% 以上。随着设施农业的发展,大风也成为影响设施农业生产的一种灾害。

1970—2019 年雄安新区多年平均大风日数为:容城 5.3 d、安新 9.6 d、雄县 8.6 d。容城县大风日数最多时达 33 d(1972 年),雄安新区大风天气多出现在 3—7 月,3—7 月累计大风日数占总大风日数的 68%。

雄安新区的大风类型主要有:一是雷雨大风,雷雨大风持续时间短,风速大,危害重,常给工农业生产造成很大损失;二是寒潮大风,多出现在秋末到冬春季节,均为偏北风,持续时间长,风后显著降温,给人民生产生活带来不利影响;三是偏南大风,主要发生在春季及初夏,季节性强,持续时间较短,有明显的日变化,且多出现在午后,往往加剧农田干旱失墒,影响作物生长发育。

2002 年 8 月 28—29 日,安新县端村镇全镇 34000 余亩耕地受灾,90% 农作物绝收;雄县受灾面积达 33 万亩,成灾面积 22 万亩,绝收 11 万亩。其中玉米、高粱等高秆作物 11 万亩绝收,2.1 万亩减产 50% 以上;3.5 万亩果树减产 60% 以上;4 万亩瓜菜减产 40% 以上;其他农作物受灾面积为 1.4 万亩。部分通信、电力线路及建筑物受到不同程度的损坏。其中通信线路 5000 m 被风破坏,刮倒刮折电杆 90 余根,造成通信中断;电力线路 4300 m,刮倒电线杆 70 根,部分村庄企业停电长达 14 h;刮倒临时建筑房屋 400 余间,损坏民房屋顶 3200 间,没有人员伤亡,总计经济损失达 1.46 亿元。

2003 年 5 月 28 日,雄县因大风天气小麦倒伏现象严重。据统计米北乡小麦实播面积 21600 亩,受灾面积 21600 亩,成灾面积 4590 亩。近 20 亩树木被风刮倒,经济损失 68 万元。7 月 23 日,雄县农作物受灾面积 23 万亩,成灾 8.46 万亩,受灾人口 18 万人,成灾人口 9 万人。其中大田作物主要是玉米、高粱、芝麻等高秆作物,倒伏严重,造成减产 3～5 成的 6 万亩,5～7 成的 0.8 万亩,绝收的 0.3 万亩。果树掉果严重,成灾 1.36 万亩,刮倒各种树木 600 棵,农业直接损失 1850 万元。

2004 年 6 月 23 日,雄县遭受大风冰雹灾害,此次风雹灾害风力强,持续时间长,危害重。

农作物受灾面积 106390 亩,成灾面积 24400 亩,受灾人口 10.427 万,成灾 2.29 万人,其中粮食作物受灾面积 78590 亩,成灾面积 4500 亩,瓜菜类受灾面积 4900 亩,成灾面积 2400 亩,绝收 1000 亩。经济作物类受灾面积 22900 亩,成灾面积 18500 亩。全县农业直接经济损失 2200 万元。7 月 23 日,雄县农作物受灾面积 31 万亩,成灾 11.36 万亩,受灾人口 18 万人,成灾人口 10 万人。其中大田作物主要是玉米、高粱、芝麻等高秆作物,倒伏严重,造成减产 3～5 成的 8 万亩,5～7 成的 1.4 万亩,绝收的 6000 亩。果树类掉果严重,成灾 13600 亩,刮倒多种树木 600 棵,农业直接损失 2880 万元。9 月 6 日,安新县直接经济损失 5154 万元,雄县受灾面积 7 万亩,其中成灾 3 万亩,减产 3～5 成,农业直接经济损失约 560 万元。

2005 年 5 月 31 日,雄县出现大风天气,小麦在一定程度上遭受损失,但未成灾,对果树、地膜甘薯等经济类作物造成的损失较大,约 2500 亩林果成灾,经济损失约 125 万元;其他损失约 75 万元,总经济损失 200 万元。7 月 11 日,雄县农作物受灾面积 17025 亩,成灾面积 13025 亩;受灾人口 2 万人,成灾人口 16000 人;其中粮食作物受灾面积 12300 亩,成灾面积 8300 亩,经济损失 250 万元;瓜菜类受灾面积 12300 亩,成灾面积 8300 亩,经济损失 250 万元;经济类作物受灾面积 2535 亩,减产 5～7 成,经济损失 78 万元;另有部分房屋、小树受损,经济损失 4 万元;总经济损失 675 万元。8 月 2 日,雄县大秋作物,主要是春玉米、高粱等高秆作物倒伏严重,受灾面积达 20000 亩,成灾面积 12000 亩,减产 3～5 成,经济损失预计 360 万元;林果受灾 3000 亩,成灾 2000 亩,经济损失 300 万元。受灾人口 15000 人,成灾人口 9000 人。总经济损失 660 万元。

2006 年 6 月 29 日,雄县林果受灾严重:果树落果率 60%～70%;面积 3900 亩;树木 12000 棵折断,总计直接经济损失 800 多万元。

2007 年 5 月 22 日,雄县受灾作物主要是小麦,受灾面积 15300 亩,成灾面积 8000 亩,成片受灾,倒伏严重,造成减产 3～5 成的 3000 亩,5～7 成的 3000 亩,绝收的 2000 亩。受灾人口 6 万人,成灾人口 2 万人。农业直接经济损失 400 万元。

2007 年 6 月 26 日,雄县受灾作物主要是玉米、果树,受灾面积 25000 亩,成灾面积 3700 亩,其中玉米 1700 亩,直接经济损失 50 万元;果树 2700 亩,直接经济损失 90 万元,受灾人口 2 万人,成灾人口 0.5 万人,总经济损失 140 万元。7 月 30 日,雄县受灾作物主要是玉米、果树,受灾面积 15500 亩,成灾面积 8255 亩,其中玉米 8000 亩,成片受灾,倒伏严重,造成减产 3～5 成的 6000 亩,5～7 成的 2000 亩,经济损失 160 万元;果树 255 亩,经济损失 10 万元。受灾人口 4 万人,成灾人口 2 万人。农业直接经济损失 170 万元。

2009 年 6 月 26 日,雄县大树被刮断,蔬菜大棚顶被刮飞,围栏被刮歪,行驶在葛各庄附近的轿车车面被冰雹砸出很多明显的凹坑;张岗乡青年路西侧大广高速施工现场大桥墩柱钢筋因大风变形,道路被雨冲毁,一辆铲车遭雷击着火,经济损失约 10 万元。据民政局统计,龙湾镇受灾较严重,造成 550 hm² 农作物受灾,受灾人口 8000 余人,成灾面积 280 hm²,成灾人口 6000 余人,直接经济损失 228 万元,其中农作物损失 168 万元,基础设施损失 60 万元。

2012 年 6 月 21—22 日,雄县张岗乡、朱各庄镇、双堂乡、米家务镇等遭受风雹灾害,树木被拦腰刮折,有的甚者连根拔起、通信线杆被刮断,活动房、彩钢屋顶、大型广告牌被刮倒。造成农作物受灾面积 352 hm²,经济作物受灾面积 56 hm²,树木折断 3218 棵,严重倒损房屋 203 间,部分电力、通信设施损毁,张岗乡张一村道路损毁严重,村民无法出行。此次灾害造成 6179 人受灾,经济损失共计约 280 万元。

2013年7月31日至8月1日,雄县农作物受灾面积达3707 hm²,成灾面积2447 hm²,受灾农作物主要是玉米、果树,受灾人口45450人,约造成直接经济损失1709万元。

2014年6月6日,雄县农作物受灾面积达1247 hm²,成灾面积650 hm²,受灾农作物主要是玉米、果树,受灾人口14000人,约造成直接经济损失168万元。

大风灾害防御措施

大风出现时,要尽量减少外出,必须外出时少骑自行车,不要在广告牌、临时搭建筑物下面逗留、避风;如果正在开车时,应将车辆驶入地下停车场或隐蔽处;如果住在帐篷里,应立刻收起帐篷到坚固结实的房屋中避风;如果在水上作业或游泳,应立刻上岸避风,船舶要听从指挥,回港避风,帆船应尽早放下船帆;在房间里要关好窗户,适当加固,如遇危房,应立即搬出;暂停户外活动和室内大型集会,如在公共场所,应向指定地点疏散;农业生产设施应及时加固,成熟的作物尽快抢收;老、弱、病、幼人群切勿在大风天气外出,社区里的幼儿园、学校应采取暂避措施,建议停课。

农业防御大风灾害措施:一是选择抗风树种,在种植设计时,风口、风道处选择抗风强树种,而不要选择生长迅速而枝叶茂密及一些易受风害的树种。二是注意苗木质量及栽植技术,苗木移栽时,特别是移栽大树,如果根盘起得小,则因树身大,易遭风害。所以大树移栽时一定要立支柱,以免树身吹歪。在多风地区栽植,坑应适当加大,如果小坑栽植,树会因根系不舒展,发育不好,重心不稳,易受风害。对于遭受大风危害的树木需及时顺势扶正,培土为馒头形,修去部分枝条,并架支柱。对裂枝要捆紧基部伤面,促其愈合,并加强肥水管理,促进树势恢复。

参考文献

北京农业大学农业气象专业,1982.农业气象学[M].北京:科学出版社.

窦以文,丹利,严中伟,等,2018.基于均一化观测序列的京津冀地区气候变化格局分析[J].气候与环境研究, 23(5):524-532.

付桂琴,赵春生,张杏敏,等,2015.1961-2010年河北省地面风变化特征及成因探讨[J].干旱气象,33(5): 815-821.

《河北省天气预报手册》编写组,2017.河北省天气预报手册[M].北京:气象出版社.

李志坤,张风丽,王国军,等,2017.北京市1993—2011年风速变化与下垫面粗糙特性关系研究[J].测绘通报 (12):29-32.

刘芳圆,肖嗣荣,张可慧,等,2008.河北干旱化初探[J].气候与环境研究,13(3):309-316.

刘金平,向亮,韩军彩,等,2015.京津冀1961—2012年暴雨日数时空演变特征[J].气象科技,43(3):498-502.

马凤莲,等,2017.河北省农业气象服务实用指标[M].北京:气象出版社.

苗正伟,徐利岗,韩会玲,2018.京津冀地区近55年气候演变特征分析[J].南水北调与水利科技,16(3): 125-134.

全国农业气象标准化技术委员会,2006.气象干旱等级:GB/T 20481—2006[S].北京:中国标准出版社.

任国玉,初子莹,周雅清,等,2005.中国气温变化研究最新进展[J].气候与环境研究,10(4):701-716.

宋善允,2016.河北气候特征及气候资源[M].石家庄:河北科学技术出版社.

魏凤英,2007.现代气候统计诊断与预测技术[M].北京:气象出版社.

伍玉良,2018.近60年京津冀地区水资源时空演变分析[D].济南:济南大学.

向亮,郝立生,安月改,等,2014.51 a河北省降水时空分布及变化特征[J].干旱区地理,37(1):56-65.

于伟红,贾康丽,潘学平,等,2015.河北省降水和气温的非趋势性波动分析[J].干旱区资源与环境,29(1): 134-139.

张健,章新平,王晓云,等,2010.近47年来京津冀地区降水的变化[J].干旱区资源与环境,24(2):75-80.

张丽艳,2018.近56年京津冀区域降水量变化特征分析[D].兰州:西北师范大学.

赵宗慈,罗勇,江滢,等,2016.近50年中国风速减小的可能原因[J].气象科技进展,6(3):106-109.

中共河北省委,河北省人民政府,2018.河北雄安新区规划纲要[EB/OL].http://www.xinhuanet.com/2018- 04/21/c_1122720132.htm,2018-04-21.

朱建佳,陈辉,郝立升,等,2013.河北省气候变化对AO因子的响应探讨[J].干旱区地理,36(1):19-26.